中國美術分類全集

中國建築藝術全集

11 會館建築·祠堂建築

中國建築藝術全集編輯委員會 編

凡例

一 《中國建築藝術全集》共二十四卷，按建築類別、年代和地區編排，力求全面展示中國古代建築藝術的成就。

二 按編委會的原安排，本全集第十卷應爲『祠堂建築』第十一卷應爲『會館建築・書院建築』，兩書均由湖南大學編著。但在調研與搜集資料過程中發現，書院建築遺存數量較多，資料較爲豐富，而會館建築和祠堂建築資料相對較少。因此將全集卷目作適當調整，第十卷改爲『書院建築』，第十一卷改爲『會館建築・祠堂建築』。本書爲《中國建築藝術全集》第十一卷『會館建築・祠堂建築』。

三 本書圖版按會館和祠堂的分布地域編排，詳盡展示了我國會館建築和祠堂建築在使用功能與空間構成特徵、建築造型、建築藝術風格及裝飾做法等方面的主要成就及其藝術特色。

四 卷首載有論文《會館建築藝術概論》和《祠堂的建築藝術》，概要論述了會館建築和祠堂建築的起源和發展、性質和種類、使用功能與建築形式、裝飾藝術和地方特點。其後的圖版部分精選了二百一十六幅會館建築和祠堂建築照片。卷末的圖版說明對前述照片做了簡要的文字說明。

目錄

圖版說明

會館建築藝術概論

巫紀光　柳　肅

在中國古代各類建築中，會館是較晚形成的一種建築類型，它是由商業、手工業行會或外地移民集資興建的一種公共活動場所，是中國古代一種特殊的公共建築。

會館按性質大體可分爲兩類：一類是行業性會館，一類是地域性會館。行業性會館是由不同行業的商人、手工業者興建的商務辦事機構和公共活動場所，如布業會館、錢業會館、鹽業會館、泥木業會館、船業會館等等。地域性會館是由旅居一地的同鄉人共同興建的一種能提供聚會活動和食宿服務的公共建築，如山西會館、陝西會館、福建會館、安徽會館等等。還有一些會館則是綜合了上述兩種性質，例如四川自貢的西秦會館就是由陝西的鹽商所建的一所鹽業會館，既是地域性的又是行業性的。

會館是中國封建社會後期商業貿易和地方文化交流發展的産物。其建築在功能性質上具有很大的綜合性特點，建築形制上具有兼容性，既有某些官式建築主體布局方式及形制特徵做法，又較多地采用了地方民間建築的做法。在藝術風格上既有商業化氣息，又有地方文化特色。這使它在中國古代各種建築類型中獨樹一幟，不論在功能布局、空間組合，還是在建築的技術和藝術上都取得了很高的成就。可以説它是中國古代民間建築最高成就的體現，同時又反映了各種地域文化的特點，是中國民間建築技術藝術的典型。

一、會館建築的起源和發展

會館的產生是中國古代商業經濟的發展和傳統文化心理兩者共同作用的結果。

中國古代以農業爲立國之本，以自給自足的自然經濟爲主體，手工業、商業相對落後，且不受重視，城市經濟發展緩慢。商人的社會地位低下，商業的發展受到嚴格控制。唐代以前，中國在城市中實行里坊制，城市街道和市民居住的里坊內不許設商店。商業活動都集中在城中的兩個街區，稱之爲『市』。如唐代長安城內就衹有東西兩個『市』。在商業區內，經營同一類商品的店鋪、作坊集中在一起，組成『行』。例如唐長安城中的東市西市就各有二百二十行。這種『行』本來是由官府爲其管理和課税的方便而組織起來的，後來便發展爲商人和手工業者的自發組織商業行會，既爲官府服務又帶有自我保護的性質。

宋代是中國古代商品經濟發展的一個高峰，打破了唐代以前那種嚴格管理控制的里坊制，城市面貌爲之改變。大街小巷遍設店鋪，人口密集，貨物往來繁忙，一派繁榮景象。北宋末年翰林畫史張擇端所作名畫《清明上河圖》便是宋代都城汴京商業繁榮的真實寫照。這時期商業行會的發展更爲普遍，其作用主要有三：①協調行業的內外關係，避免行業內部競爭，共同經營，利益均沾；②抵制外來人員經營，保護本行業經營的利益；③協助官府對行業的管理，征收賦税，但同時也抵制官府的過分盤剝。這時行會的組織也更趨完善，每行都有自己的首領，叫『行頭』或『行首』、『行老』；外來的商人未經『投行』不得在當地經營。各行都有自己的規矩制度，甚至有自己的衣著裝束，走在街上，一看便知是哪一行的。

到了明代，商品經濟又有了新的發展，開始出現帶有資本主義性質的手工業商品經濟方式。由于交通運輸的發展，地區之間商業貿易逐步增加，東南沿海地區則出現大規模的海上貿易和港口城市。同時，手工業商業的地方特色和地區性分工日趨明顯，往往某一地區以出產某一類商品而聞名，如四川的藥材、浙江的綢布、江西的瓷器等等。地區性的貿易往來導致了大量流動性的行旅商人的出現，于是商業行會的形式也開始變化，從一種社會組織發展爲擁有實體的組織，其中會館的出現就是行會組織發展及實力的體現。

會館的產生除上述經濟發展的原因外，還有社會文化心理上的原因。中國民族在祖祖輩輩長期固守于土地以農業爲本的自然歷史條件下，形成了强烈的鄉土觀念。和西方民族那種到外闖蕩四海爲家的心理習慣不同，中國人對故鄉，對故鄉人，有著一種特殊的親情。

『樹高千丈，落葉歸根』，『親不親，故鄉人』等，都是這種心理的表現。離開了故鄉彷佛總有一種不安全感。因此中國人不論到哪裏都喜歡組織『同鄉會』之類的組織。一個地方的人對其他地方的人或多或少具有某種排斥心理。旅居外地的人也必須組織起來對抗當地的勢力。這是會館之所以產生和發展的文化心理根源之一。

據考證，會館最早始于明代中期。明人劉侗、于奕正所著《帝京景物略》卷之四中有《嵇山會館唐大士像》一文，其中說：『嘗考會館之設于都中，古未有也，始嘉隆（明嘉靖、隆慶）間，蓋都中流寓十土著，游閑屣士紳……用建會館，士紳是主，凡入出都門者，籍有稽，游有業，困有歸也』。到目前爲止，尚未見有關于會館的更早記載。劉侗是明朝的進士，所寫的又是明朝的情景，其記載應當是準確的。從這一記載來看，會館一開始就不是純粹的商業行會，而主要是爲流寓外地的同鄉人提供各種服務的場所，當然，這大量的流動人員中，最多的還是行旅商人。

會館的產生使商業行會的組織形式更加完備，過去較爲鬆散的行會組織，現在有了常設的辦事機構和固定的活動場所。同時由于會館的作用超出了純商業性的活動，其性質也比原來的商業行會要複雜得多。會館中的行會組織或地方組織逐漸形成『幫』。這種本來爲抵抗其他社會勢力，保護自身利益而組織起來的幫會由原來的純經濟性的聯合而到後來逐漸發展成一種政治性的組織，有的甚至發展成爲稱霸一方的强大社會勢力。

從明代後期到清代初期這一段是會館大規模發展的時期。由于明代經濟和商業貿易以及交通運輸的發展較爲迅速，地區性的商品交流大量增加，又由于明末清初時的戰亂等原因引起大量的人口遷移流動，致使商業性和地域性的會館在各地大量興起，并由大城市延伸到一些比較偏遠的地區。受到經濟、政治及地理條件等各種因素的影響，各地會館的發展是不平衡的，而且在性質上也各有一些不同特點。

明清時期會館發展比較集中的地區主要有北京、河南、四川、湖南、江浙、福建、臺灣等地。河南地處中原，是聯結東南西北四方的樞紐，自古經濟繁榮，開封、洛陽等地古代就是有名的商業大都市，各地商賈雲集，大量興建會館。至今如洛陽、開封、周口、社旗、唐河、禹州等地仍保存有一些規模很大的會館建築。四川雖地處西南，然而地廣人多，物產豐富，且較少受戰亂的騷擾，水路交通發達，各地商賈雲集這一天府之地。過去四川全省幾乎每個城市都有會館，普及面之廣爲全國之首。現在成都、重慶、自貢、敘永、廣漢、宜賓、富順等地都還保留有相當規模的會館建築。江浙一帶自古經濟發達，魚米絲綢等曾經聞名天下，且有長江、京杭大運河等重要水路交通。這裏也是商賈雲集之地，蘇州、上海、杭州、寧波、紹興等地過去曾有過很多會館，至今猶有遺存。湖南地處南北交通要衝，是北方以及西南各省與東南的廣東、福建交流的主要通道，貨物集散和人員來往頻繁。據志書所載，清代長沙有會館十幾所，洪江有『十大會館』，益陽有『四宮二殿』（均爲會館）等等，至今在湘潭、黔陽、芷江等地還保存有會館建築。福建的會館主要集中在東南沿海，自元代開始，這裏就是中國海上貿易的門户，著名的『海上絲綢之路』就從這裏起始，商業貿易明清時達到極盛。福州市以前的商業區臺江區就有會館二十多所。還有官方建的專門接待外國商人的館所，例如至今猶存的琉球館就是爲日本商人建的。

與大陸隔海相望的臺灣，會館之多尤爲突出。這是由于特殊的歷史原因造成的。這裏不僅受東南沿海商業貿易的影響，而且從根本上説這裏就是大陸移民和商人的天下。各地城鎮港口所建會館不計其數，至今保存下來的也很多，如臺北、臺南、淡水、鹿港、澎湖等地均保存有一些相當完好的會館建築。臺灣的會館還有一個大陸的會館所没有的特點，即由軍隊建的會館多。這是由特殊的歷史原因形成的，清朝政府鎮守臺灣不用當地人，而是從大陸派兵，這些大陸去的官兵以同鄉關係建立起許多會館。例如臺南的桐山營會館、銀同會館、安平海山館，臺北和鹿港的金門館，澎湖的媽祖宮、提標館等等均屬此類。

會館最多，最集中，形式和特點最豐富的當然首推北京。這裏是明、清兩代的政治、經濟、文化中心，各地紳商、地方官吏、趕考的學子等等大量雲集京都。北京的會館之多難以計數，僅據清朝學者李虹若所著《朝市叢載》一書中所載有名稱和地址的會館就有三百九十二所。該書寫于清光緒十二年（一八八六年）。此後直至清朝末年，民國初期仍不斷有新的會館出現。從《朝市叢載》的記載中可看出北京會館發展的大體情況和特點：①人員複雜，純商業性會館不多，主要是旅京的同鄉人建的地域性會館。書中所載北京本地的行業會館僅九所，其他均爲外地人所建。因而在會館名稱上有的乾脆就叫『邑館』、『鄉祠』，如『山會邑館』、『長沙邑館』、『直隸鄉祠』、『浙紹鄉祠』等。各地的駐京會館又分爲省級和州縣級的。有的省級會館同時有好幾所。例如『河南會館』，與其并存的又有『中州老館』、『中州新館』、『中州南館』；與『四川會館』并存的又有『四川老館』、『四川東館』、『四川南館』等。市縣級的會館有的也同時有幾所，如『南昌會館』、『南昌東館』、『徽州會館』、『長郡會館』、『長沙郡館』、『長沙邑館』等等。這些會館的性質和人員均很複雜，錯綜交織。②地點、區域相對集中。北京的會館主要集中在城南市區，即正陽門、崇文門、宣武門外一帶。京畿之地，等級森嚴。劉桐的《帝京景物略》中記載：『內城館者，紳是主，外城館者，公車歲貢士是寓』。清代實行滿漢分住制，强令明代建于內城的會館遷至外城。在各地上京人員中以地方官吏、商人、趕考的學子三類居多。清政府六部設在正陽門內，因而官吏多從正陽門出入；崇文門設有税關，管理商務，商人們多出入此地；參加會試的考生則從宣武門出入。并且前三門外，即今前門大街、大栅欄、天橋、珠市口一帶過去一直是北京商業和市民文化最集中的區域，因而會館也就大多建在這些地區。相對來説，商業性的會館主要集中在崇文門外；而一些主要爲趕考學子而建的試子會館則大多集中在宣武門外。專爲趕考學子建會館，這又是北京會館的一大特點。一年一次的鄉試和三年一次的會試都有大量考生匯聚北京。明朝定都北京後共進行七十七次科舉考試，中進士者二萬二千六百九十四人，清朝在北京進行過一百一十四次科舉考試，中進士者二萬六千八百四十人，此外還有大量未中榜者，參加考試人數之多可以想見。考試中榜者是地方的榮耀，同時還可封朝廷官職，因而地方紳商也很樂意爲試子們提供方便。有的會館乾脆就是專門爲試子而建的，名稱也爲『××試館』，如有『天津試館』、『遵化試館』、『廣州試館』等等。③各省駐京會館數量不均勻，這一點大概也反映出當時各地經濟、文化及社會生活發展的情況不同。從《朝市叢載》的記載中可統計出清光緒年間各地駐京的會館有：直隸一十二所，河南一十四所，山西三十六所，山東八所，陝甘二十六所，江蘇二十六所，安徽三十五所，湖北二十四所，江西六十所，浙江三十五所，四川一十五所，湖南一十八所，福建一十九所，廣西七所，廣東三十二所，貴州八所，雲南九所。從這一統計數字雖不足説明各地經濟發展狀況，但也大體可看出各地商業發展和外出經商的習慣。明代元白道人所著《廣志鐸》中就有記載：『最愛出外謀生的南方人是江西人』。此外，江南出才子，赴京趕考的也特別多。清朝歷次科舉考試獲進士及第前四名的大多來自江南各省，以江蘇、浙江人最多，其次是安徽、江西等，因此這些省在京建的試子會館也多。

近代以來，民主革命風起雲涌，北京的會館成爲維新志士和革命者的活動場所。著名的『戊戌變法』運動就是首先從這些會館中醞釀起來的。康有爲多次赴京，寓居于南海會館內的『七樹堂』（現爲北京市文物保護單位，保存完好），在這裏寫了《上皇帝書》，并聯絡廣東、湖南等會館的舉子在河南會館內集合。一千三百多舉子簽名向朝廷上書，這就是著名的『公車上書』事件（因參加科舉考試的考生由公車接送，因而稱這些舉子爲『公車』），拉開了戊戌變法的帷幕。與此同時，康有爲在南海會館內創辦進步刊物《中外紀聞》，組織了『强學會』。梁啓超赴京寓居新會會館内的『飲冰室』，在這裏著有《飲冰室文集》，協助康有爲組織維新運動。譚嗣同入京住在瀏陽會館，積極開展維新運動。維新運動失敗，譚嗣同就義後，瀏陽會館專闢其居室『莽蒼蒼齋』爲祭堂，每年正月初一，湖南在京各界人士會集瀏陽會館致祭悼念，直至一九四〇年，日軍占領北京館人盡散方止。此外，南海會館成立『粤學會』；福建會館成立『閩學會』；四川會館成立『蜀學會』；雲南會館成立『滇學會』等等，這些地方均成爲維新派的活動場所。辛亥革命時期，北京的會館又一次成爲革命派活動地。偉大的民主革命家孫中山先生在湖廣會館、安慶會館、粤東會館等處均留有他的活動足迹。尤其是湖廣會館，一九一二年八月二十五日，國民黨成立大會在此召開。同盟會、統一共和黨、國民共進會、國民公黨、共和促進會聯合成立國民黨，孫中山先生出席大會，宣布了國民黨黨綱，并當選爲國民黨理事長。該會館因此而成爲重要的革命歷史紀念地，現爲北京市重點文物保護單位，主要建築保存完好，并于近年修繕一新。此外，北京的廣東香山會館爲紀念孫中山先生，在先生逝世後改名爲中山會館。

新文化運動和民主革命時期，北京的會館又爲一些社會活動家和革命者的活動提供了方便。魯迅先生在民國教育部任職期間寓居北京宣外南半截胡同的紹興會館長達七年多，在這裏他寫下《狂人日記》、《孔乙己》等許多名作，爲新文化運動而呼號吶喊。李大釗、陳獨秀于一九一八年十二月在北京車單米市大街的安徽涇縣新館内創辦了進步政治刊物《每周評論》。一九一九年四月《每周評論》揭露了北洋政府章宗祥等人的賣國行徑，引發了震驚中外的『五四』愛國運動。李大釗還在浙江鄞縣西館内成立『少年中國學會』。陳獨秀也常到安徽安慶會館内聯絡同鄉，宣傳革命。一九二〇年，湖南軍閥張敬堯鎮壓進步學生運動，毛澤東率湖南各届驅張代表團赴京，住在宣武區爛漫胡同的湖南會館内，并在這裏召開了數千湖南籍旅京各界人士參加的『湖南各界驅張大會』。該會館内部分建築現仍保存完好。

北京的會館是全國會館的縮影，但其性質和作用却遠比其他地方的會館要複雜得多。尤其是近代歷史上的風風雨雨，更體現出會館社會功能的某些特殊性，它們仿佛是相對獨立于社會之外的一個小天地。由于其起源、性質和作用上的特殊性，會館的建築形式也與其他地方的有所不同。祇可惜保存下來的已經不多。目前保存較完整，規模較大的僅宣武區虎坊橋的湖廣會館（即孫中山成立國民黨的舊址）一處。還有少量僅保存有部分建築，大多數已完全消失。

在中國會館的發展史上，還有一個值得特別重視的方面，那就是各地會館分布的地域性特點。除北京的會館較多地帶有政治性色彩以外，其他地方的會館一般都是經濟性的。因此，一個地方會館的多少，説明那裏經濟的發展狀況，尤其是商業貿易的發展狀況。從全國各地會館建築的建設情況來看，會館的大量出現并非衹限于繁華的大城市和經濟發達地區，而在一些今天看來很偏遠的地方過去也有很多會館。這主要是因爲交通運輸的原因，古代的商貿運輸主要是靠水運，河流便是主要的交通要道。尤其在一些省和省交界處又有河流經過的集鎮，往往形成爲地區間商業貿易和貨物集散的中心。例如山東聊城，明清時期爲京杭大運河沿岸九大商埠之一，被稱爲『挽漕之襟喉』，『江北一都會』，北方各地商賈雲集，生意興隆。河南的社旗（古稱賒旗，又叫賒店），全鎮有七十二條街，按行業集中，分爲瓷器街、銅器街、山貨街等，商業之繁榮可以想見。類似的情況還有河南的周口、唐河，陝西的丹鳳、山陽，安徽的亳州，四川的自貢，湖北的谷城，湖南的黔陽、洪江等。這些地方都有河流經過，都曾經是繁忙的船運碼頭，省際間商貿集散地，但隨著近代公路、鐵路的發展逐漸取代河流爲主要運輸手段，商貿中心也逐漸轉移，這些曾經繁榮一時的商貿市鎮也逐漸衰落乃至被人遺忘。今天這些地方保存下來的那一座座華麗的會館建築，似乎還在向人們展示著這裏過去的榮耀和歷史的滄桑。

由此可見一部會館的發展史幾乎就是一部中國封建社會商品經濟和社會文化的發展史。

二、會館建築的使用功能與空間構成特徵

會館建築在中國古代建築中是一種滿足特定社會需求的城鎮公共建築。從其產生、發展的歷史及文化根源來考察，它是城市中某種特定集團的活動場所，雖然不排除在某些喜慶、娛樂活動時有該行業以外的人參與，但就其使用性質及管理方式而言，它屬于一種特定人群活動的場所，不是向全社會開放的公共建築。

會館建築的主要使用功能一般包括提供行業組織、同鄉會常設機構辦事、聚會、議事及娛樂場所，同時設有接待同行商旅、同鄉會旅客住宿用房，而且大多數會館由于行業性質或地域文化關係信奉某種神靈、崇拜某種偶像而設有特定拜祭空間，如福建會館多供奉媽祖，祈求出海、行船平安。自貢鹽業會館衆多，其中燒火煮鹽工匠具有一定行業規範技術，因而

成立同業公會設立會館。他們供奉火神作爲精神支柱，一方面進行行業保護，另一方面則祈求燒煮鹽鹵的生產安全。會館建築的功能除上述之外也常被作爲婚喪祭事、假日聚會的場所；會館的這類聚會多則人氣興旺，可以顯示行、幫的聲勢。因此會館建築是一種多功能、多空間構成的綜合性公共建築。

會館建築空間構成及布局與功能有密切的關係，同時也受到歷史與社會觀念的影響。會館建築的空間組成一般包括大門、戲臺、殿堂、廂房及庭院等基本部分。一般會館建築的大門與戲臺合建在一起，但隨會館建築的規模不同其大門與戲臺也可分開設立，殿堂的數量也可由一個增至數個，廂樓一般是會館办公、議事及住宿的用房，多數布置在一側或兩側，形成相對獨立的院落，構成自成一區的住宅或辦公空間。規模更大的會館則由多個院落構成。

會館建築的空間布局較自由，一般具有民間建築的手法。同時會館建築也是某一行會的權力及力量的象徵，且供奉神靈及偶像，因此在主體建築部分也往往采用沿主軸綫對稱布局的官式建築手法，即沿大門、戲臺、內院、月臺、殿堂形成一條主軸綫。如芷江天后宮（亦稱媽祖廟，實爲福建會館），在中軸綫布置大門、戲臺、觀戲坪、正殿及寢宮，在右側布置財神殿及其他住房，布局隨地形而變，空間自由延伸。建築內部設有戲臺幾乎是所有會館建築的共同特徵，反映會館建築公共活動及娛樂的功能性質的特點，利用大門上層樓面作爲戲臺，同時可以利用內院作爲觀衆廳，一般逐步升起在殿前加做月臺，使觀衆有較好的視綫。反過來，當前殿舉行祭祀儀式時，內院也是聚會的場所。會館建築的前院一般都是在兩側用廊廡或廂樓把戲臺與前殿聯結起來，形成四周封閉的庭院。兩側廂樓內可作小型聚會之用，外廊則爲看戲時的看臺，使用方便。規模較大的會館在兩側廂樓上建鐘鼓樓或亭閣。而後殿則常建樓閣，較多是從後殿兩側伸出廂樓與前殿相接，形成較小後院，前後殿及廂樓圍合一個共享空間，這是供內部使用，相對安靜的環境。四川成都洛帶鎮的湖廣會館等均采用這種手法。

會館建築在空間藝術上相對其他古代公共建築（宮殿、神廟等）有著明顯的特點，空間一般沿兩至三條平行的縱軸綫展開，各自形成封閉的內院，相互之間以牆分開，避免干擾，祇有旁門相通，各院落空間對外封閉對內開敞。狹窄的廊道與開敞的空間形成强烈對比，不僅空間富于變化，而且由于明暗、寬窄、封閉開放空間效果形成建築空間節奏感。同時會館建築的空間多采取民間建築的尺度，因此雖然建築體量較大、空間豐富，但內部空間宜人。

三、會館建築的構造特徵

古代會館是一種公共建築，祭祀、聚會、演戲等公共活動需要較大的空間，如何在木構體系的材料技術條件下獲得儘量大的內部空間，取决于合理的構造方案。中國古代建築體系中的基本結構形式爲擡梁式和穿斗式兩種，一般來説擡梁式可獲得較大的空間，但用材粗壯，而穿斗式，雖用材較小却柱網較密，內部空間受到限制。在北方地區采用擡梁式較多，反映其受官式建築影響較大，南方民間建築多采用穿斗式結構，兩者都存在怎樣獲得較大內部空間的問題。經過長期的實踐，民間工匠創造了一些行之有效的方法，最主要有以下兩種，一種是變換結構方式；另一種是多屋架組合方式。

所謂變換結構方式，是指穿斗與擡梁的混合結構形式。具體做法是，主體構架爲穿斗式，不必增加承重柱的直徑，而加大梁的斷面尺寸，把原爲穿枋的形式變爲實際上是梁的形式，并略爲往上拱起，做成月梁（民間形象地稱之爲『冬瓜梁』），下面以綽幕枋加固，其上不再做穿斗式的騎馬瓜柱而是做擡梁式的童柱（因柱下做裝飾性花式柱墩，民間稱之爲『童子坐蓮花』）。如此層層叠起，便形成穿斗式上的局部擡梁。這種做法確實在一定程度上兼有兩種結構形式的優點，同時使露明的屋架在視覺效果上避免了普通穿斗式構架的簡陋。

所謂多屋架組合，是指在一個屋頂的跨度達不到所需要的室內尺度時，采用多個屋架組合而得到較大室內空間的結構形式。中國傳統建築體系的結構形式受到材料性能的限制。木構架中横向承重的梁枋的跨度是非常有限的。就一般木構架形式的承重梁來説，雖然有三架、五架、七架、九架之分，但真正做到九架的極爲少見，一般都是五架、七架，即使是皇宫大殿也不過如此。如宋《營造法式》中的殿堂大木作，直接承載于中央兩列內柱上的梁衹有五架；北京故宫太和殿，直接承載于金柱上的梁也衹有七架，如此大的頂和上部構架的重量，若要做九架梁，其梁的斷面尺寸會大得驚人。而對于民間建築來説，其材料來源和財力上的條件遠不如皇宫建築，不可能做成如此大跨度的屋架。然而其使用功能又需要較大室內空間。于是民間匠師們便創造了這種多屋架組合的結構形式。多屋架組合一般由兩到三個屋架以前後并列方式組成。這種多屋架組合按其結構形式又可分爲『真型』和『假型』兩種。

所謂『真型』組合，即是由多個（一般是兩個）完全獨立的構架、兩個屋頂連在一起而合成一個室內空間。通俗地説就是兩棟房子合成一個廳堂，或者説一個廳堂兩個屋頂。這種組合，其結構上兩棟是相互獨立的。而兩屋面的檐口相接，兩端山牆將兩棟建築連在一起。中間屋檐相接處設排水天溝，將雨水引向兩端山牆排出。排水方式，有的地方（如江西景德鎮地區和安徽徽州地區）較早就使用了陶質雨水管，埋入山牆内。將天溝的雨水直接排入地下。也有將天溝直接伸出山牆之外排水的，則往往在出水口上作一些裝飾處理。如自貢西秦會館，將伸出山牆外的排水口做成一個張嘴的龍頭，每遇到下雨則龍口吐水，正入旁邊小庭院内的一泓水池中，不僅適用，而且成爲一處景觀，構思可謂巧妙。

所謂『假型』組合，即是把一個主體屋架的下部結構做成兩到三個屋架的形式，在下部的多個屋架上做『復水椽』，上面再蓋望磚或望板（一般明代做法蓋望磚，清代做法蓋望板），這之上再做草架。這樣，從外面看是一個屋頂，從裏面看却是幾個屋頂。這種方法是南方大型民間建築的主要做法之一，尤其在安徽徽州地區以及江西部分地區非常普遍。這種做法解决了建築、結構、材料多方的矛盾，一舉而數得，因而其做法合理而科學。

四、會館建築的藝術風格及裝飾做法

建築藝術是時空的藝術，它不僅隨著時間推移、地域的變化而産生不同的藝術風格，而且某一建築本身的形象也隨時間和空間移動給人以不同的感受。建築不衹是一種視覺的藝術，而且是來自人的多種感官所體悟的藝術，因此會館建築的藝術表現力與所有建築作品一樣，不僅來自建築外在的形式及裝飾，而且來自建築的空間形態、整體式樣及組成方式。

會館建築是爲某一特定社會人群(同業或同鄉)的共同需要而建的，由相同的社會觀念、價值觀念所認同的産物，因此在建築的藝術表現上必然有許多有别于其他建築的不同之處，體現出會館建築的藝術風格和裝飾做法的特徵。從大量的現存會館建築實例中可以歸納以下幾點：

（一）會館建築的空間構成及整體形態特徵

會館建築的空間構成及布局方式除滿足必要的使用要求之外，受到社會觀念及習俗的影響，各種行業、幫會爲了炫耀其勢力及行業中的權威作用，并受到禮制觀念的影響，在建築空間布局上都沿主軸綫布置大門、牌樓、戲臺及殿堂，以便供祭行業崇拜的神靈或宗師，突出其顯赫的地位，藉以建立行業、幫會的精神支柱。在這一中軸綫上，牌樓、戲臺華麗，殿堂高大，庭院空間寬敞，兩側再連接廂樓、廊廡形成封閉院落空間，暗示行業、幫會的自我保護格局。這種空間布局方法有別于一般民居，帶有宮殿、廟宇的色彩。但在會館的其他部分則兼收民居建築的精華，辦公議事及住宿部分空間布局自由，空間尺度宜人，構造方式多樣，因此它又明顯區別于官式建築，顯示出會館建築特有的空間環境氛圍及文化格調，如四川自貢的西秦會館。

（二）會館建築的裝飾風格

會館建築是在中國古代商業、手工業發展的同時所產生的一種城市公共建築。無論來自城鎮的商人或是來自鄉村的工匠，都會給會館建築帶來許多民間的世俗文化以及强烈的鄉土觀念、不同的信仰、不同的生活習俗，加上行業之間的自我保護與競爭，促成了會館建築文化的形成。與其他類型的建築比較，除了建築的空間環境構成及建築形態之外，這種建築文化特徵還表現在建築裝飾藝術上。

會館建築藝術是民間文化觀念、民俗、民風、審美情趣及信仰習俗等在建築上的集中體現。會館屬于民間建築，在中國古代禮制等級制度下，民間建築不能超越宮殿、廟宇等建築的等級及形制，即使商賈、行幫有足夠的財力也不能把建築的規模做得過大，因而多在形式上追求豐富、多姿和奇特，并表現雍容華貴、絢麗精巧，藉以顯示其實力與財富，尤其是門樓、屋頂、戲臺等部位做得十分複雜而精巧。自貢的西秦會館很能代表這種風格。西秦會館的大門和戲臺的組合非常複雜，其平面是一進，而屋頂却是三進，大門的牌樓爲四重檐歇山，下面的三層在正面部分均被截斷向兩邊外移做成牌坊形式，往後又是一個更大的三重檐歇山屋頂，再往後又是一個三重檐的盔頂。從正面、側面及戲臺不同的面觀看屋頂各不相同，整個門樓屋頂飛檐翹角，如大鵬展翅，氣勢磅礴而又精巧華麗。

由此看出會館建築裝飾常常不拘一格盡其所能，調動各種手段及材料來達到目的。從油漆彩畫、石雕、磚雕、泥塑、木雕、琉璃、銅、鐵飾件乃至彩色瓷片等都用于裝飾，遠比宮殿要豐富多彩，因而也呈現一定的商業色彩。其裝飾題材内容則是神話人物、歷史故事、戲曲場景、花草魚蟲、珍禽异獸、山水風景無所不包。

會館建築的裝飾重點一般集中在門樓、戲臺、正殿及兩側廊廡，規模較大的會館聘請名匠主持，做工精巧，手法多樣，追求華麗而繁瑣，使人眼花繚亂，世俗氣息很濃。如四川成都的廣東會館不僅正殿裝飾精美，後殿、厢樓、廊廡的裝飾也很講究。

（三）會館建築地方風格的兼容性、混合性特徵

由于會館建築多半是由商人、手工業者或其他同業人員在旅居地所建，因此必然帶來原籍各地的技術、文化及習俗。在建設過程中雖然主要使用當地的材料及聘請當地的工匠，參照當地的建築形制，但因爲會館建築是一種地方行業集團社會勢力的體現，因此必然注入原籍地方傳統文化觀念，全部或部分采用原籍傳統的技術及工藝。爲了顯示行、幫的力量，追求宏偉華麗的效果，以新异的形式達到超越他人的目的，往往在建築形式和裝飾手段上兼容并蓄乃至混合使用各種技術及工藝，這是與其他民間建築有很大區别的特點。也正是這樣使得會館建築形式及裝飾手法更加豐富、更加世俗化，并具有商業氣息。在現存的會館建築中，這種兼容性、混合性仍然明顯可見。如四川自貢的西秦會館，大量欄板、額枋使用北方建築常用的人物題材雕塑、彩畫及壁飾，而内部庭院處理却體現南方建築空間的小巧，部件及裝飾具有南方建築精細的格調，風火山牆也是仿南方民居的做法，南北手法兼容相得益彰。湖南芷江的天后宫又稱媽祖廟（福建會館），爲福建商旅所建，整個建築體系采用湘西地方民居的穿斗式結構及干欄式裝飾做法，但入口牌樓的屋脊却具有福建民居做法的特徵，并采用福建的灰色石雕描述福建的地方景致，具有濃烈的福建風情，整個建築體現湘西民居與閩南民居風格的混合。

山東烟臺的福建會館爲顯示其財力雄厚，竟將全部建築材料從遠隔千里之外的家鄉運來，力求保持福建建築的特徵，至今它仍是福建會館建築中最精美的一座。

四川自貢西秦會館爲保持其山陝地方特色，特交給陝西工匠建造，到了清道光年間建築已破舊，集資重修時因聘匠師發生矛盾，後來纔決定改聘自貢地區著名匠師楊學三主持，又另請來各地大批工匠，在此背景下雖然建築及裝飾奇特而精美，但手法混合多樣幾乎達到混

亂的程度，比西方十九世紀的折衷主義有過之而無不及。由此可見會館建築的社會文化背景對建築裝飾風格所起的重要作用。

（四）會館建築藝術風格及工藝做法的地方性

會館建築不同于宮殿、廟宇建築，它受傳統禮制觀念及官式建築形制的約束較少，而更多受到民間的世俗觀念、民風及地方自然條件、材料來源、工藝習慣的影響，因此呈現出濃厚的地方特色。較爲明顯的特徵是南北之别。北方的風格古樸、厚重、粗獷；南方的風格則是精巧、纖細、秀麗。例如同樣是石雕、磚雕、木雕，南北的差异却非常明顯。在裝飾的題材内容方面也不相同，北方較喜歡用人物形象，如歷史、戲曲場面、神話傳説等，而南方雖然也有人物題材，但較多采用花草植物圖案、山水風景、動物形象等。究其原因主要與自然條件及歷史文化背景有關。從自然來看，北方一般是大片平原、高原或者是高山大河，自然風景比較單調，氣候寒冷，人在室外自然環境中的活動較南方少，因此把自然界作爲審美對象的文化觀念形成較晚。除少數高層文人藝術家以山水風景賦詩作畫歌頌之外，平民百姓很少以欣賞自然作爲消遣娛樂，而較多的民間活動是在節日或宗教祭祀活動中的歌舞表演、戲曲説唱、競技比武等。因此建築裝飾中多以人物故事場面爲裝飾題材正是反映這種民間的審美習俗，會館建築的裝飾亦集中體現了這種特點。南方氣候温和，多山多水，植被繁茂多樣，自然風景秀麗。審美觀念也是因得天地之靈氣，較早形成了欣賞自然風光的審美情趣，江南園林藝術的成就是這種審美心理的集中表現。南方的會館建築深受這種審美觀的影響，以花草、山石、蟲魚、自然風景作爲裝飾題材成爲特色。會館建築的地方特色不僅表現在建築所在地點，也表現在會館主人把故鄉的建築文化理念及表現手法的特徵帶到旅居地，從而導致各地的文化交流。

會館建築裝飾藝術的地方特色還表現在裝飾材料的選用上，南方北方的特色乃至各個不同的地方也各不相同。一般説來，北方受官式建築的影響較大，采用琉璃、石材、油漆彩畫較多。山西、陝西的會館建築喜歡大量使用琉璃件作重點裝飾，除在屋脊上用琉璃做出各種人物、動物造型之外，還用不同顏色的琉璃瓦在屋面上拼成圖案，如河南洛陽的潞澤會館、陝西會館的脊飾和屋頂等。而貴州鎮遠的江西會館、浙江湖州錢業會館則在屋脊上大量采用灰陶製作鏤空圖案作裝飾，并大量使用木雕。福建産一種灰綠石，質地細膩，宜于雕刻精緻花紋，也常被用作裝飾材料。四川成都的廣東會館、江西會館屋脊、牌樓常采用泥塑，并在泥塑上鑲嵌碎瓷片，造成一種閃耀光亮，斑斑駁駁的特殊效果，渲染出一片民間習俗的熱鬧氣氛。洛陽潞澤會館，周口山陝會館，安徽亳州關帝廟則使用鑄鐵鑄造帶有細緻龍紋裝飾的旗杆，有着特殊的環境氣氛和豪壯氣派，另有一番情趣。自貢的西秦會館，不僅在建築形體的塑造上別出心裁，重重叠叠的屋頂，凌空飛舞的翹角，顯示了會館的豪華絢麗，而且在裝飾上使用大量的人物浮雕，反映出陝西鹽商的實力及人文社會觀念。同時在環境裝飾上使用各種奇禽异獸的石雕，不僅有入口的石獅、石象等大型石雕，内部天井欄杆上造型各异的小型動物雕塑也神態非常生動，刀工細膩。這些裝飾足以顯示會館的氣派，在建築藝術上也有很高的成就，是中國古代建築藝術中的瑰寶。

祠堂的建築藝術

柳　肅

一、祠堂建築的性質和種類

祠堂是中國古代一種祭祀性、紀念性建築。『祠』字本身就包含有祭祀的意思。中國古代的祭祀包含有感恩和紀念的意義。祭祀建築有兩類：一類是祭祀天地社稷等自然神靈的，叫『壇』，不建房屋，築土臺露天而祭。另一類是祭祀祖宗或其他有歷史功績的先人，這類則需建房屋，供牌位，最先是叫『廟』，後來又叫『祠』，或『祠』、『廟』混用。

『祠』又分爲兩大類，一類是同一血緣關係的家族祭祀祖宗的祠，歷史上曾有過各種名稱：『宗廟』、『家廟』、『祖廟』、『宗祠』、『祠堂』等。這就是我們今天常說的『家族祠堂』。另一類是專爲祭祀某一個著名人物而建的，叫『專祠』或『祠廟』，如孔子廟、關帝廟、太史公祠、武侯祠、屈子祠、柳子廟、包公祠等等。這一類有時也被人們稱爲『名人祠堂』。本書中所論述的是第一類，即家族祠堂。

中國民族衆多，就其主體漢民族來說，是一個在肥沃土地上發展起來的農耕民族，曾以自給自足的自然經濟爲其基本生産生活方式。『家』便是社會生産和生活的基本單位，是人們物質上和精神上的依托。子孫發達、家族興旺是人們所追求的理想。在這種社會條件下，原始的祖先崇拜意識不僅没有隨著文明的發展而淡漠、消失，反而日益强烈，代代相承。對祖先崇拜不僅成爲人們的心理寄托，而且成了維護倫理道德和社會穩定的一種重要手段。于是祭祀祖宗便形成爲上自天子帝王下至平民百姓普遍自覺遵守的一項社會原則。祭天地社稷，祭列祖列宗，在這一系列的祭祀儀式的基礎上就發展出中國古代的禮儀制度。當這種禮儀制度完全形成以後，對天地祖先的祭祀便以政治制度和法律的形式固定下來。『祖宗』這個詞也就具有了特別重要的涵義。

『宗』字的本來意義就是祖廟，《説文解字》中解釋：『宗，尊祖廟也』。邢昺疏注《孝經·喪親》中説：『舊解云：宗，尊也；廟，貌也。言祭宗廟，見先祖之尊貌也。』祭宗廟就像是看見了祖先。這種文化心理上的因素，也就决定了宗廟祠堂的功能性質：它不僅是祭祀祖先的場所，也是家族内部公共活動的場所，婚冠喪葬等人生禮儀、聚衆商討族内事務、家長族長教訓子孫等等都必須在祠堂神位前進行，也就是説必須當着祖宗的面進行。凡事必告于先祖，後人『不敢專也』。宗廟祠堂是祖先權威的象徵，也是家族形象的代表，因此建宗廟祠堂就是家族内部放在首位的重要事情。『君子將營宫室，宗廟爲先，厩庫次之，居室爲後』（《禮記·曲禮下》）。

二、祠堂的起源和歷史發展

祠堂究竟起源于何時，目前尚無法確證。但至少可以肯定商代就已經有了祭祀祖先的宗廟。中國最早的文字殷墟甲骨文中就有了『宗』字，其形象爲廳堂之中豎一祖先牌位，這就是祠堂的雛型。

從文化觀念的發展來看，祖先崇拜本來是一種很原始的觀念，由于漢民族在農耕文明中發展起來的家族意識又把這種原始的祖先崇拜觀念加以發揚，使之形成爲祭祀祖先的完整形式。由此可以推測，祠堂是很早以前就有的，或者説，即使没有獨立的祠堂建築，而在自己的住宅内祭祀祖先，即後來所謂『庶人祭于寢』，也是很早以前就有的。從祭祀祖宗的重要性這一點來看，祠堂建築可能是僅次于居住建築的最早産生的建築類型之一。

根據各種史料記載和考古發現，中國古代祠堂建築的發展大體上經歷了以下幾個階段。

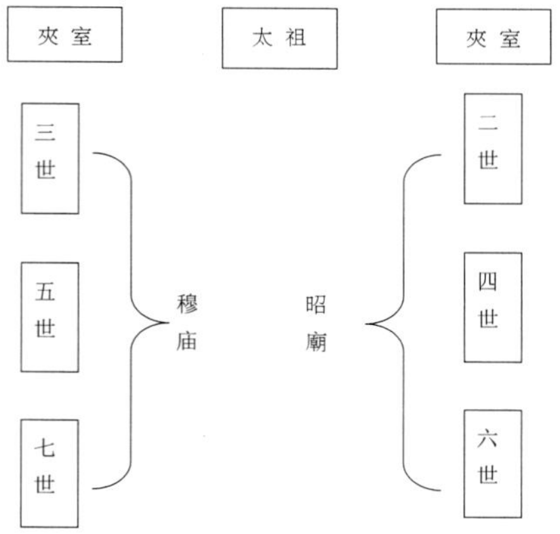

圖一　天子七廟

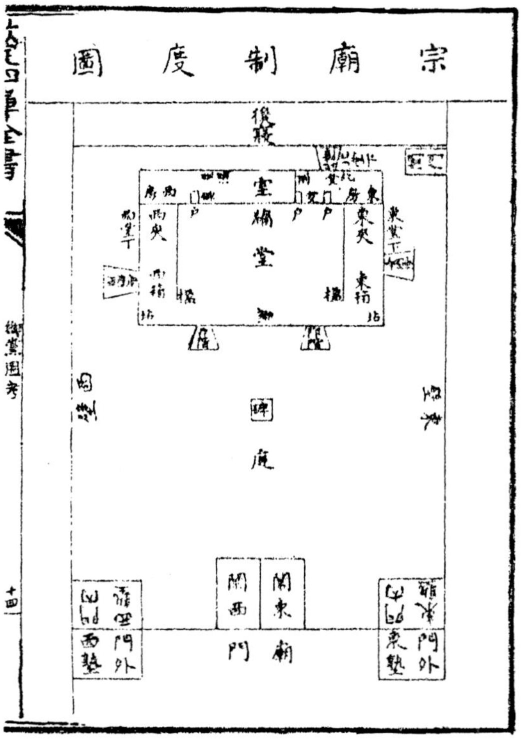

圖二　《鄉黨圖考》所載宗廟制度圖

1　先秦時期

周代以前，禮儀制度尚未發展完備。商代甲骨文中雖然已有關于宗廟的文字，但還沒有形成制度，其建築形式可能正在形成之中。周代是禮儀制度完全形成的時期，宗廟祭祀作爲禮的一項重要內容而被制度化。禮制的本質是區別上下尊卑等級倫理，宗廟制度也按照嚴格的等級關係規定下來。周代禮制對宗廟建制的規定是：『天子七廟，三昭三穆，與太祖之廟而七。諸侯五廟，二昭二穆，與太祖之廟而五。大夫三廟，一昭一穆，與太祖之廟而三。士一廟。庶人祭于寢』（《禮記・王制》）。這種宗廟建制，以最早的祖先（太祖）之廟爲中心，後來的祖先則依次按左昭右穆的順序排列，即二世爲昭，三世爲穆，四世爲昭，五世爲穆等等，依此類推。以『天子七廟』爲例，其排列方式見圖一。由于宗廟的數量的限制，不斷增加的祖先神位進入宗廟便按一定的規則來推移。如圖一中已有七世，若第八世死，其神位則進六世的廟，六世的神位進四世的廟，四世的神位進二世的廟，二世的神位則進太祖旁的夾室。下次九世死時，九世神位進七世的廟，七世的神位進五世的廟，依次類推。昭廟穆廟不斷推移，而太祖之廟則永世不變。當然，周禮中規定的這種宗廟制度是否真正得以嚴格實施，現在已無法證實，而且各個朝代禮儀制度也都有所變化。不過禮制中規定的『士一廟，庶人祭于寢』這一點是影響到了後世祠堂建築發展的基本形式。一般後來的祠堂都是單獨建造，與住宅分開，有一單獨的庭院，前有大門，中有正堂，後爲寢殿，這就是古制中的所謂『一廟』（圖二）。所謂『庶人祭于寢』即指不單獨建廟，祇在住宅中闢一堂屋供奉祖先牌位。這種形式嚴格意義上說還不成爲祠堂，叫『上堂』、『祖屋』，東南沿海地區叫『祖厝』，四川叫『宗廬』。看來這種最早形成的建制一直影響到後世。

2　秦漢魏晉時期

周代禮制在春秋戰國時開始衰敗，至秦時幾近毀滅，祭祖之禮也蕩然無存。究其原因有二：一是秦代改革舊制，爲獎勵耕戰，打破聚族而居的宗法傳統，規定成年之子必與父母兄親分家，使尊祖敬宗的宗法家庭觀念開始淡漠。正如《陳氏禮書》中所說：『秦用商君之法，富民有子則分居，貧民有子則出贅。由是其流及上，雖王公大人，亦莫知有敬宗之道。浸淫後世，習以爲俗。』二是秦代貶斥儒學，蕩滅典禮，政治

圖三　山東肥城孝堂山墓祠

剖面

立面

透視

平面

上采用絕對化的君主專制統治，天下祇能尊天子一人。所有人都祇能尊天子，祇有天子纔能尊祖宗。司馬光《文潞公先廟碑記》中說：『秦非笑聖人，蕩滅典禮，務尊君卑臣，于是天子之外無敢營宗廟者。』

漢代又開始尊奉儒家學說，然而『師儒雖盛而大義未明』（顧炎武《日知·卷十三·兩漢風俗》），傳統的宗法觀念以及宗廟制度均沒有完全恢復。因此這一時期仍然沒有嚴格禮制意義上的宗廟祠堂，祇是在死去的先人墳墓前建一小型石屋，以供祭祀，稱爲『祠室』。《漢書·張禹傳》記載：『禹年老自治冢塋，起祠室。』有的也把這種祠室稱爲祠堂，如司馬光《文潞公先廟碑記》中說：『漢世公卿貴人多建祠堂于墓所在。』這裏所謂祠堂即墓前所建的小祠室，不論其規模和建制都既不是以前的宗廟，也不是後世的祠堂，是這一時期的特殊形制。所幸我們今天還能看到實物，山東肥城孝堂山石室（石祠）是國內僅存的漢代墓祠的孤例，也是國內現存最早的地面建築（圖三）。

漢代以後，魏晉南北朝又是一個戰亂頻繁社會動蕩的時期，加之民族大融合，佛教盛行等等，社會政治和文化觀念都較爲混亂。在這種社會條件下，傳統的宗法禮制就更難以維持，即使是皇帝的祖廟也制度簡約，不循禮法（圖四，晉代廟制，摘自《四庫全書·廟制圖考》），一般百姓就更是完全沒有禮制了。但魏晉以後宗廟制度得以慢慢恢復，并開始有了新的制度。《續文獻通考》記載『魏晉以降，始復廟制，許文武百官立家廟，以官品爲所祀世次之差。……爲五廟者，亦如唐制五間九架厦兩旁隔版爲五室，中袝五世祖，旁四室袝高曾祖禰。爲四廟者三間五架，中爲一室袝高曾，左右爲二室袝祖禰』（引自《古今圖書集成》卷七十三）。這爲後來唐代宗廟禮制的全面恢復奠定了基礎。

3 唐宋時期

這是古代宗法禮制以及祠堂建築的全面恢復和發展時期。唐代是中國封建社會政治、經濟、文化發展的高峰，封建的宗法禮制也得以全面恢復和實行。關于宗廟祠堂制度，唐代的法典禮律中有許多詳細的規定。如《開元禮》中規定：『二品以上祠四廟，三品祠三廟，……三品以上不

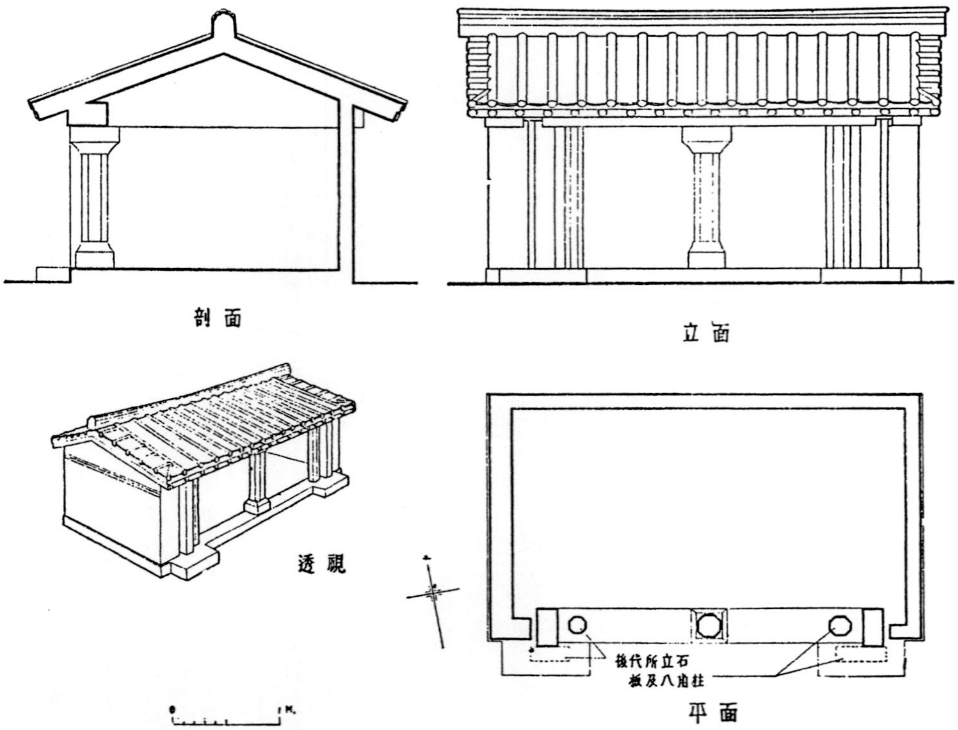

晉初一廟七室圖						
文皇帝 穆	景皇帝 穆	宣皇帝 昭	京兆府君 穆	頻川府君 昭	豫章府君 穆	征西府君 昭
堂						

圖四　晉代廟制（引自《四庫全書・廟制圖考》）

得過九架并厦兩頭，其三室廟制合造五間，其中三間隔爲三室，兩頭各厦一間，虛之前後，亦虛之每室，廟垣合開南門東門，并有門屋。』如此詳細地規定祠堂建制，説明當時宗法禮儀之盛。《唐書・王珪傳》中記載：『珪薄于自奉，獨不作家廟，四時祭于寢，爲有司所劾。帝爲立廟，愧之不罪也。世以珪儉不中禮少之』。侍中王珪因廉潔儉樸不立家廟，也要被禮法所追究，可見唐代建家廟之普及。但是這種盛况維持不久，到唐代後期由于政治、經濟的衰敗，『會昌五年，詔京城不許群臣作私廟』（《唐書・韋彤傳》）。同是唐朝，先是不建祠堂不行，後則不准建祠堂，由此可看出當時國家政治經濟發展的盛衰。

唐代後期的衰落，隨之而來的五代十國又是戰亂、分裂，民生凋敝，家廟祠堂近乎絶迹。直至兩百年後的宋代慶曆年間，皇帝再度赦令群臣建家廟，人們竟因爲從未見過家廟是什么様而不知如何建法。宋代學者司馬光在《文潞公先廟碑記》中對此記載頗爲詳細：『慶曆元年，因郊祀赦聽文武官依舊式立家廟。令雖下，有司莫之舉，士大夫亦以耳目不經往往不知廟之可設于家也。……既而在職者違慢相尚，迄今廟制卒不立。公卿亦安故習，常得諉以爲辭，無肯倡衆爲之者。獨平章事文公首奏乞立廟河南。明年七月，有詔可之。然尚未知築構之式，靡所循依。至和初，西鎮長安，訪唐朝之存者，得杜岐公遺迹，止餘一堂四室及旁兩翼。嘉佑元年，始仿而營之。三年，增置前兩廡及門，東廡以藏祭器，西廡以藏家譜，齋枋在中門之右，省牲展饌滌濯在中門之左，庖厨在其東南，其外門再重，西折而南出。』從慶曆元年皇帝赦令群臣建家廟，至平章事文潞第一個響應，到好不容易找到一個唐朝宗廟的遺迹，并仿照著建起來，竟拖延了近二十年。可見其由盛而衰容易，而要恢復却并不那麽容易。文潞建家廟爲宋代建廟之風再起開了先例，并樹立了榜樣，影響到後世。這種家廟的建築格局，已經基本上和我們今天所能見到的祠堂建築相差無幾了。

4　明清時期

這是中國古代祠堂建築發展的最盛期。從宋代到明代，中國思想文化領域中理學盛行。理學家們注解經典，把儒家學説進一步理論化、深入化。在其影響之下，整個社會生活中禮教風氣達到前所未有的高峰。理學家們把維繫家族關系放到維護社會安定和倫理道德的高度來認識。宋代理學家張載説：『管攝天下人心，收宗族，厚風俗，使人不忘本，須是明譜系世族與立宗子之法。宗法不立，則人不知統系來處。……不知來處，無百年之家，骨肉無統，雖至親恩亦薄』。南宋以後，修家譜族譜之風大盛。修家譜族譜與建祠堂是同時進

圖五　明代廟制（引自《四庫全書·廟制圖考》）

世宗時九廟圖		
	太祖	
虛		成祖
宣宗		仁宗
憲宗		英宗
武宗		孝宗　睿宗

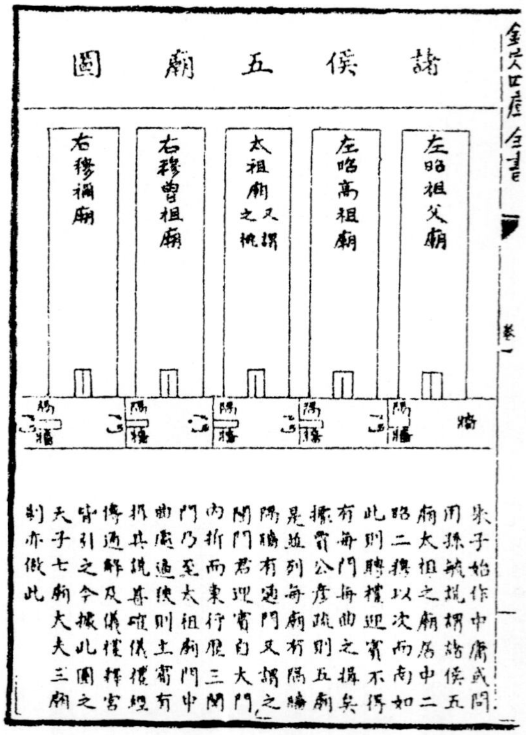

圖六　諸侯五廟圖

行，相互依賴，相輔相成的，修譜必須建祠，建祠必須修譜。

到明代時，皇家宗廟完全恢復了周禮廟制的形式，并有所發展。將原來的『天子七廟』發展成『九廟』（圖五）。但是此外有一疑點，即皇家宗廟，不論是過去的『天子七廟』還是明代的『九廟』，排列方式究竟是太祖之廟在上，昭廟穆廟在前面兩旁縱向排列（如圖一、圖五所示），還是太祖之廟在中，昭廟穆廟在兩旁橫向一字排開（圖六）。《四庫全書·鄉黨圖考》中記載宋代大學者朱熹在作《中庸章句》時就對這個問題提出了質疑，在孫毓的注解（縱向排列）和賈公彥的注解（橫向排列）兩者中，認爲後者是對的。不僅諸侯五廟是如此，天子七廟和大夫三廟也均是如此。無獨有偶，《四庫全書·廟制圖考》中所載的明世宗時的廟制（圖五）是縱向排列，而實際情況究竟是否如此也難確證。因爲目前我們所能看到的皇家宗廟的惟一現存實物北京太廟（現爲天安門城樓東側的勞動人民文化宮），其建築格局是前中後三座大殿。舉行祭祖大典的時候，從開國皇帝（太祖）以來的歷代皇帝的牌位一字排開陳列于前殿之中。平時不是祭祀大典則所有的牌位都陳放在中殿之中。後殿在清朝時是祭祀清朝開國以前的四位祖先的地方。這種在一座大殿内牌位一字排開顯然是繼承了橫向排列的廟制。然而北京太廟創建于明成祖永樂十八年（一四二〇年），即明朝從南京遷都北京的前一年，遷都北京後即開始使用。雖後來明清兩朝都有擴建、修建，但據記載其基本格局沒有大的變化，基本保持了創建時的形式。但《廟制圖考》中所載明世宗時的廟制（縱向排列），是在北京太廟創建之後（明世宗在位是一五二二至一五六六年間），皇家宗廟不可能有兩處，肯定是在太廟之中。但其九廟縱向排列的格局與太廟的建築格局是無法印證的。其原因究竟何在目前仍難以考證。清朝雖是滿族建立的，但其文化已完全漢化，其典章制度也是在考證中國歷代典章制度的基礎上建立起來的，包括祭祖的廟制亦是如此。從這一點來看，我們今天所看到的北京太廟的祭祀制度，至少可以説是中國古代皇家祭祖的方式之一。同時，北京太廟從文化性質上來説，它是中國現存最大的『祠堂』，即皇家的『祠堂』。

明代對平民百姓家的祠堂也有了制度規定。《明會典》中有『祠堂制度』一章，對民間祠堂建築形制規定如下：『祠堂三間，外爲中門，中門外爲兩階，皆三級，東曰阼階，西曰西階。階下隨地廣狹以屋覆之，令可容家衆敘立。又爲遺書衣物祭器庫及神厨于其東，繚以周垣，別爲外門，常加扃閉。祠堂之内以近北一架爲四龕，每龕内置一桌，高祖居西，曾祖次之，祖次之，父次之。神主皆藏于櫝中，置于桌上，南面，龕外各垂小簾，簾外設香桌于堂中，置香爐香盒于其上。兩階之間又設香桌亦如之。若家貧地狹則止爲一間，不立厨庫，而東西壁下置立兩櫃，西藏遺書衣物，東藏祭器亦可，地狹則于廳事之東亦可』。這些規定已經詳細明確到無微不至，足可見國家對此之重視。當然，我們今天能看到的明代祠堂，并非都是按照這種制度而建的。衹要其基本原則不變，不逾越禮的等級，根據各自的具體情况和各地的風俗習慣，按不同方式建造均在允許之列，而且實際上朝廷也管不了那麽詳細。民間建築的靈活性往往也就體現在這裏。

祠堂的發展有一個歷史過程。但各個地區其發展情况并不完全一致。從歷史記載和對現存狀况的調查來看，一般南方建祠堂的風氣盛于北方。這種情况的産生有其深遠的文化根源和歷史原因。首先，在上古時代的文化觀念中就存在著南北地方的差异，北方文化是現實主義的，注重社會政治和現實生活。而南方文化，以楚文化爲代表（當時南方除楚以外，大多屬于所謂『蠻夷之地』），其主要特點是帶有濃厚的鬼神迷信和神話色彩。漢代文學家王逸的《楚辭章句》中説：『昔楚國南郢之邑，沅湘之間，其俗信鬼而好祠』，『楚有先王之廟及公卿祠堂，圖天地山川神靈琦瑋譎詭及古賢聖怪物行事』。由此可見自古南方祠祀之風就盛于北方。其次，在中國歷史上北方和中原地區幾乎是不斷地處在民族矛盾之中。漢代的匈奴南侵，魏晋南北朝時的『五胡亂華』，直到宋代北方民族的入侵，致使整個國家政治、經濟、文化中心南移等等。北方地區這種不斷出現的民族大融合、文化大交流不能不在一定程度上削弱漢民族某些傳統習俗。而與之相反，在這種民族矛盾的壓迫下，北方漢人大量南遷，江西、安徽、福建、湖南、廣東等地自宋代以來就有大量北方來的移民。新到异地的移民們爲了團結力量保護自身利益，大多聚族而居，建祠堂祭祖先，使人們在心理上保持强大的内部凝聚力。不僅如此，由于中華民族不忘祖不忘根的文化傳統，世代移居外地的人們必須讓他們的子孫知道他們祖上的來歷，也必須建祠堂，修族譜。在移民較多的福建等地至今仍延續著這樣一些傳統習俗，如：某人死了，墓碑上的第一句話就是世系的由來；一家建新房門匾上要寫下世系的來歷，『××衍派』、『××傳芳』等等。這種特殊的歷史原因助長了南方大建祠堂的風氣。相反，北方地區移民較少，大多是世代定居。由一家一姓發展而來的村落，本身就已經是一個團結的整體，既不需要靠聚族的力量來抗衡其他勢力，也不必要告訴後代世系的來歷，祠堂的社會作用相對較小，建祠堂也就不顯得那么迫切需要。從調查的情況來看，古代移民越多的地方（如江西、安徽、福建等）建祠堂的風氣越盛。這不能不說是祠堂發展的地域性特徵。

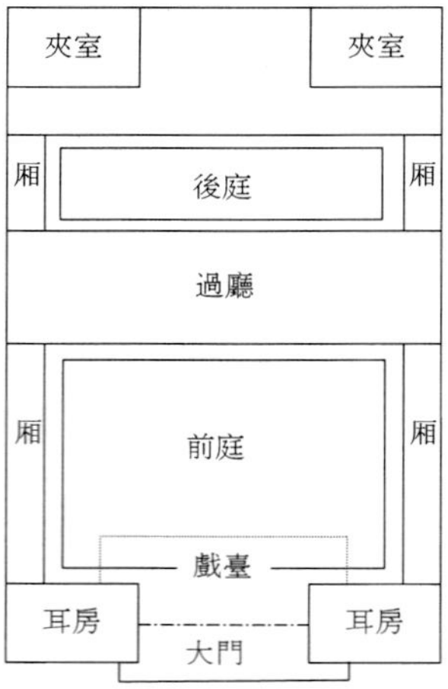

圖七　祠堂平面模式

三、祠堂建築的平面形式

從性質上來說，祠堂是一種小型的公共建築。所謂『小型』，即衹爲一定範圍的人所用。其使用功能也比較簡單，主要是祭祀、聚會，有時候還有看戲等娛樂活動，還有的在祠堂中辦學。因此祠堂的平面布局并不複雜。一般來說，祠堂按其規模分爲大型和小型兩類（圖七）。小型祠堂衹兩進一庭院，前爲大門，後爲殿堂，中間有一庭院，庭院兩側有廊。大型祠堂則有兩庭院，即在大門和正堂之間多了一個過廳，過廳前後各有一庭院，同樣是庭院兩側有廊，有的大型祠堂兩側的廊用格扇門窗分隔，做成廂房。還有的祠堂中建有戲臺，如果有戲臺的話則是在大門之後。

從歷史上來看，祠堂的平面格局也有發展和變化，但其基本特徵未變。古代禮制中所規定的祠堂的平面，和我們今天所能看到的明清時期的祠堂就基本上是一致的（圖二《四庫全書·鄉黨圖考》所載宗廟制度圖）。所不同的衹是古代制度中的祠堂庭院兩側沒有廊或廂房，而現在看到的明清時期祠堂則大多有廊或廂房。另外，明代的《魯班經》中載有『裝修祠堂式』一章，其中說：『凡做祠堂爲之家廟，前三門，次東西走馬廊，又次之大廳，廳之後明樓茶亭，亭之後即寢室。』這裏所說的『大廳』即過廳，『寢室』即供奉牌位的寢殿，也即正堂或後堂。按此說在過廳和寢殿之間應有『明樓茶亭』，但在目前所能看到的明清時期的祠堂中未見有這種建築形制。《魯班經》所載可能是明代以前的做法，也有可能是某一地方的特點，因爲其他典籍中記載的古代祠堂制度也沒有這一說法。總之，祠堂建築的平面形式歸結起來就是前述的小型和大型兩種。當然也有極少數特大型的打破了一般的常規。例如廣州的陳家祠是廣東省七十二縣陳姓的合族祠，其規模之大爲國內罕見。平面布局不僅在縱深方向有前中後三排，橫向也有左中右三路，呈『田』字形平面。這種形式在有關祠堂制度的典籍中是沒有的，現實中也是罕見的。

四、祠堂建築的使用功能及其建築形式

從總體上來説，祠堂的使用功能是單一的，即主要是祭祖和聚會。但也有一些其他方面的差异，導致建築形式産生一些變化。

祠堂的主要建築有大門及兩旁耳房、戲臺、東西兩廊或兩廂、過廳、正堂。

大門：祠堂的大門一般都是門廊式，即入口處凹進一門廊，登石級進門廊然後再進大門，大門之後也有門廊。有的地方如江西北部靠近徽州地區的一些地方，祠堂大門喜歡做成門樓式，即在一高大的封閉式磚牆表面貼做一牌樓的式樣。如江西婺源縣的通義大夫祠和浮梁縣的汪氏五股祠便都是這種形式。這種做法在别處見得較少。祠堂是一家族姓氏在當地的權勢地位的象徵，因此其建築務必以高大宏偉的形象來體現其威風，祠堂的大門尤其如此。大門兩旁的耳房古時叫『塾』，古代祠堂制度中有『門外東塾』、『門内東塾』、『門外西塾』、『門内西塾』等稱法。這種『塾』後來就成了私家辦學的場所，即所謂『私塾』、『家塾』。《禮記·學記》中説：『古之教育，家有塾，黨有庠，術有序，國有學。』説明這種塾中辦學已經有很古老的歷史，當然古代這種家塾究竟是辦在祠堂中還是辦在住宅中，無明確制度，但利用祠堂辦學却是很早就有的傳統。古之教學以禮爲本，而祠堂這種行禮的地方無疑是最好的辦學場所。如廣州的陳家祠，建成之後就同時用來辦學，專供陳氏族人子弟讀書，因而又稱陳氏書院。

戲臺：戲臺出現在祠堂中是比較晚纔有的事。因爲在中國古代作爲典章制度所規定的家廟祠堂從來没有關于戲臺的記載和規定。另外戲臺作爲一種建築類型本身也出現較晚，元代以後纔有戲臺。因爲元代是中國古代戲曲藝術發展成形的時期，在此之前衹有説唱、雜耍之類，元代時開始出現具有完整故事情節的戲曲，以舞臺的形式表演，正式形成戲曲，這纔出現戲臺這種建築。至于戲臺是何時開始出現在祠堂中，目前没有明確的證據，推測應該是在明清時期。此時期民間文化藝術大發展，家族祠堂往往以邀戲班唱戲并供當地百姓共賞來擴大家族在地方上的聲威。于是開始在祠堂中建起了戲臺。不過，在祠堂中建戲臺也是各地方有差异，有的地方就没有在祠堂中建戲臺的習慣，其原因也各不相同。如安徽的徽州地區，古代就是文化發達之地，書香門第、官宦世家建有許多大型祠堂，雖建築高大雄偉，庭院寬敞，但不在其中建戲臺。因爲他們講究正統、嚴肅的禮教規範，建築上追求的是純淨、莊嚴的禮的風格，因而把戲臺這種娛樂性的東西排除在外。這種風氣也影響到與之鄰近的江西，如緊鄰徽州的江西北部地區也大多不在祠堂中建戲臺。而福建沿海地區經濟發達，商業繁榮，民間歡樂吉祥的世俗情調濃厚，且戲曲藝術特別發達，然而却也不在祠堂中建戲臺。因爲福建地方民間戲曲種類很多，人們特別愛好看戲聽曲，而家族祠堂又有炫耀財富和勢力的心理，凡節日或喜慶大事，請戲班必是幾個戲種幾臺戲同時演出，衹請一臺戲在當地是不體面的。固定的一座戲臺不管用，都是臨時在院内院外搭建戲臺，當地有專營租借搭建戲臺的行業，因此就不在祠堂中建戲臺了。相反在比較落後的偏遠地區却有在祠堂中建戲臺的習慣。如福建省羅源縣的陳氏祠堂（又名陳太尉宮）就建有戲臺。

祠堂中的戲臺一般都是和大門連爲一體，背靠大門。進大門便從戲臺下穿過，走到庭院中回過頭來就是戲臺(圖七)。這種建造方式幾乎成了一種固定的形式，不論南方、北方，也不論是什么樣的建築風格，幾乎全都如此。衹有少數祠堂是戲臺不與大門相連，單獨建造的，如山西代縣的楊家祠。戲臺背靠大門，面對正殿，這種建築方式可能最早與古代民間祭祀方式有關。中國古代的祭祀方式中有一種非常普遍而常見的形式叫『淫祀』。所謂『淫祀』就是在祭祀神靈祖先時表演歌舞，以使神靈歡樂。中國的戲臺建築最早出現在一些宗教祭祀性的廟宇中，就與這種『淫祀』有直接關係。同時這些宗教祭祀的廟宇又是大衆公共活動的場所，在進行活動時表演歌舞、戲曲，既是『娛神』，又是『娛人』。戲既是給神看的，因此戲臺也就必須是面對正殿而建的。國内現存最早的戲臺山西洪趙縣的水神廟戲臺(建于元代)，其布局形式就是如此。戲臺建于大門之後，面對正殿的建築形式，從其實際的使用效果來看，被證明是一種最巧妙、最適用、最合理的建築空間布局形式。它既符合中國傳統的中軸對稱平面布局，又不需要另外占據建築空間，利用進大門後的庭院作爲觀戲的場地；正面殿堂前一般都有臺階、月臺等正好作爲多級式的看臺；還有兩側走廊、廂房也都成爲看戲的場所。

廂房或走廊：不論是小型祠堂還是大型祠堂，其庭院兩側一般都建有廂房或走廊。建廂房一般是用來存放祭祀器具和家譜、族譜。而很大一部分祠堂則衹有走廊，不建廂房。這樣的情況下，祭祀器具和家譜族譜就存放在正堂内兩側的夾室中，而庭院兩側的走廊則衹供聚會活動和觀看戲曲表演所用。有的走廊做成上下兩層式，延伸到戲臺的兩側，更是爲了觀戲的方便，類似于西方劇院中的包廂。

過廳：又叫前殿或拜殿，是大型祠堂中纔有的建築，專供祭祀活動時祭拜行禮所用。祖先的牌位總是存放在正堂（後殿）之中，在進行祭祀活動時，要麽是把祖宗牌位從後殿請到前殿來，放在桌案上祭拜；要麽就是牌位仍然放在後殿中，人站在過廳中對著後殿祭拜。因此，過廳中一般衹在正中設一香爐，不置它物。其建築形式也較特別，一般都是全開敞的，衹有柱子和屋頂，前後都沒有牆壁門窗。這種形式也是爲了適應于祭祀活動的需要，人在過廳對著後殿中的牌位祭拜，而且人多時過廳中容納不下則自然向前院中延伸，這都需要讓人們的視綫沒有阻隔，直接看到後殿中的牌位。凡有過廳的大型祠堂，一般都是一進大門便能透過過廳一直看到後面的正堂，空間上的縱深感更强，氣氛更加莊嚴肅穆。

正堂：又稱後殿或寢殿（沒有過廳的小型祠堂就叫正堂，有過廳的纔叫後殿、寢殿）。這是安放祖宗牌位的場所，是神靈安寢之處，所以叫寢殿。中國古代的很多廟宇、會館等祭祀神靈的場所都是這樣，最後一排主體建築中安放神像或牌位，前面的殿堂則用來祭拜。正堂是祠堂中最重要的主體建築，因此在建築形式上，它最莊嚴隆重，體量最高大。在平面上，一般在殿堂後部的正中做神龕，安放最早的祖宗的牌位。後部的兩側各分隔出一個小房間，稱爲夾室，用來存放各代祖先的牌位，或者存放祭祀器具和家譜、族譜。這種後部兩旁設夾室的做法從最早的古書記錄到我們今天能看到的明清時期的祠堂均是如此，歷代相沿，是最能體現祠堂建築特點的做法。

五、祠堂建築的裝飾藝術和地方特點

從一定意義上來説，祠堂是一種象徵性的建築。從家族内部來看，它是父權和族權的象徵；從地方和社會來看，它是一個家族在當地的權勢、威望和社會地位的象徵。因此凡建家族祠堂無不以突出門第之高貴、家勢之壯大爲目的。然而中國古代的禮制等級又是如此之森嚴，在祠堂建制上自古以來就有嚴格的規定，從『天子七廟』到『士一廟，庶人祭于寢』，等級分明不可逾越。而在建築式樣和色彩方面也有著各種各樣的法典律令。再宏偉壯觀的祠堂也沒有誰敢用紅牆、紅柱、黃琉璃瓦，祠堂既要用建築的形象來體現其家族的權勢地位，而同時又在建築的規模式樣、色彩等方面受到禮儀制度的限制。除這些之外最能突出建築形象的就是裝飾，因此祠堂建築便都在建築裝飾上下功夫。

爲了突出和炫耀家族的財富和地位，祠堂建築在裝飾上首先突出的是大門。大門建得高大宏偉，屋頂、牆壁、門廊等處飾以琉璃、雕塑、彩畫等。有的地方還在祠堂大門外建有牌坊，更加突出其顯赫的地位。

祠堂建築的裝飾手法主要是雕塑，有磚雕、石雕、木雕、泥塑等，有些地方還運用陶瓷，彩畫等。裝飾圖案的題材内容有人物、動物、植物幾類。人物圖案主要有神話傳説、吉祥圖案、戲劇故事等，如八仙過海、福祿壽禧、三國演義等。動物圖案主要有各種飛禽走獸以及鳳凰麒麟等祥瑞動物。植物圖案則以各種花草圖案作爲綫脚邊緣的裝飾。

祠堂建築在裝飾手法上最能體現建築藝術的地方特色。

江浙一帶的祠堂建築以木雕藝術著稱，室内梁枋屋架、天花藻井、隔扇門窗均采用優質木料，雕刻出精美的圖案花紋，雕刻之精美細膩，裝飾面積之大爲其他地方所少見。

徽州地區及江西等地的祠堂則采用磚雕和木雕相結合，往往在入口處做一嵌入牆面的牌樓式門坊，在門坊及外牆上裝飾大面積磚雕，室内廳堂屋架各處則飾以木雕。

湖南的祠堂建築相對來説裝飾較爲樸素，但在建築造型上以高大的牌樓式大門和高聳的馬頭牆來突顯其雄壯，在牌樓門上面裝飾以泥塑，并往往在泥塑上描以色彩，内部則相對裝飾較少。

福建的祠堂建築以正面入口和外牆裝飾最具特色。入口處檐柱、柱礎、門框、臺基、踏步均采用一種當地産的青灰石，其石質温潤細膩，呈青緑色，如同玉石，石面上綫刻花草動物圖案或對聯文字，如同玉雕。平整光滑的紅磚外牆面上檐口、牆裙、轉角處亦嵌入青灰石條，有的甚至在牆面上嵌入大面積的青灰石塊，并雕刻出花紋圖案，緑色的石頭和紅色的牆面再配以雕刻圖案，交相輝映，美侖美奂。福建東南沿海的泉州、福州、晋江等地的祠堂都具有這一特色。

廣東的祠堂建築裝飾最突出的特點是在屋頂上。首先，廣東的祠堂建築的屋頂造型本來就具有與别處極不相同的特點，三角形山牆與屋面呈不同的角度，藉屋面和山牆的不同角度所形成的高差做出一個很高的屋脊。就在這高高的屋脊和高聳的山牆上堆積起大量的陶瓷飾件，有故事人物、飛禽走獸、花卉植物，還有亭臺樓閣。琳琅滿目的陶瓷飾件有時重疊兩三層，例如廣州陳家祠大門和正廳屋脊就由陶瓷飾件堆積高達兩米餘，整個屋頂就如同一座藝術品陳列館。

祠堂的裝飾藝術是祠堂建築藝術的重要組成部分，尤其是在地方特色這一點上，裝飾藝術起著舉足輕重的作用。可以説裝飾藝術是祠堂建築體現地方特色的最重要的標志之一。

圖版

一　照壁

二　戲臺背面(後頁)

陕甘会馆简介
严禁

三　戲臺正面

四　木牌樓

五　從拜殿朝前看庭院

六　垂花門

八　厢房

七　鐘樓

九　拜殿

一〇　庭院兩側小院落

一一　牌樓裝飾(後頁)

義參天

一二　磚雕藝術

一三　木雕彩畫藝術

一四　木雕彩畫藝術(後頁)

一五　會館中心建築群

一六　從大門看中心建築群

一七　石牌樓

一八　碑亭

二〇　戲臺

一九　鐵旗杆

聲振雲霄

二二　拜殿及後殿春秋閣

二一　從後部拜殿看戲臺

二三　從戲臺看拜殿及春秋閣

二四　儀門

二五　屋頂裝飾

二六　屋脊裝飾

二七　屋脊琉璃磚飾

皇

二九　木雕裝飾

二八　木雕裝飾(前頁)

三〇　石雕柱礎

三一　石雕柱礎

三二　石雕柱礎

三三　石雕獅子柱礎

三四　全景

三五　大門及鐵旗杆

三六　戲臺及中心庭院

三七　大拜殿

三八　石牌坊

三九　轅門

四〇　厢房

四一　戲臺檐口裝飾

四二　戲臺内部裝飾

四三　石雕屏板

四四　石屏

四五　石雕藝術

四六　石狮雕刻

四七　人面獸身石刻

四八　柱礎

四九　柱礎

五〇　柱礎

五一　外觀

五二　戲臺

五三　正殿

五四　角樓

五五　後殿耳樓

五六　木雕裝飾

五七　大門前石獅

五八　柱礎

五九　會館大門

六〇　戲臺

六一　廂房與閣樓

六二　垂花柱

六三　外觀

六四　前院

湖廣會

六五　戲樓内景

六六　戲樓内景

六七　鄉賢祠與文昌閣

六八　風雨懷人館

六九　門樓

七〇　門樓及戲臺屋頂

七一　門樓屋頂側面

珠寶玉器
頌雅書社
唐三彩

七二　戲臺

七三　屋頂裝飾

七四　屋頂形式組合

七五　前院厢楼

七六　殿堂屋頂

七七　外觀

七八　山門

七九　山門牌樓

八一　山門匾額

八○　鑄鐵旗杆

八二　水磨磚牆

八三　戲臺

八四　戲臺内裝飾(後頁)

八五　戲臺内裝飾

八六　戲臺内裝飾

八七　戲臺内裝飾（後頁）

張

西城

八九　山門

八八　戲臺內裝飾(前頁)

九〇　山門檐部

九一　戲臺

九二　正殿

九三　北獻殿

九四　正殿柱礎

九五　牌樓

九六　水院及厢房

九七　前殿

九八　春秋閣

九九　大殿前石狮

一〇〇　蟠龍石雕

一〇一　蟠龍石雕

一〇二　外觀

一〇三　山門

一○四　戲臺

一〇五　大殿

一〇六　大殿檐下裝飾

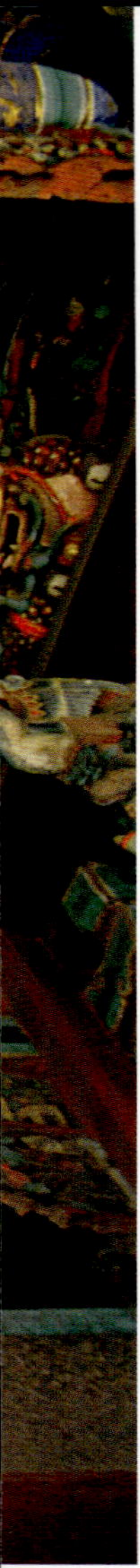

一〇八　大殿檐下裝飾

一〇九　大殿檐下裝飾（後頁）

一〇七　大殿檐下裝飾

熙

天后行宫
湄

粤聲津度

一一一　前院和正廳

一一〇　大門門廊和木屏牆

一一二　旁院

一一三　正廳山牆

一一四　檐廊裝飾

一一五　戲臺

一一六　壁畫

一一七　大門

一一八　正殿

一一九　殿前走廊

一二〇　正殿前院

一二一　旁院

一二二　側門

一二三　側門

一二四　連廊

一二五　殿堂構架

一二六　屋頂裝飾

一二七　屋脊装飾

一二八　牆端裝飾

一二九　側門裝飾

一三〇　牆面磚雕

一三一　牆面磚雕

一三二　格扇門窗(後頁)

一三四　石柱礎

一三三　格扇門窗(前頁)

一三五　石柱礎

一三六　月臺欄杆石雕

一三七　月臺欄杆石雕

一三八　外觀

一三九　戲臺

一四〇　正殿

一四一　從正殿看戲臺

一四二　屋頂、檐口、門拱及山牆做法

一四三　構架做法

一四四　外觀

一四五　大門

潛口司諫第（汪氏家祠）

一四六　石鼓

一四七　前院和拜殿

一四八　石雕欄杆

一四九　石雕欄杆

一五〇　拜殿構架

一五一　寢殿寶綸閣

一五二　寢殿室内彩畫裝飾

一五三　寢殿室內彩畫裝飾

一五四　外觀

一五五　過堂

一五八　大門細部

一五六　環境

一五七　大門

一五九　木雕裝飾

一六〇　門廊

一六三　享堂屋架

一六一　大門背面

一六二　享堂

一六四　後廂房

一六五　寢殿

一六六　柱礎

一六七　柱礎

一六八　隔扇門雕花裝飾(後頁)

一七〇　雕花雀替

一六九　隔扇門雕花裝飾(前頁)

一七一　特祭祠

一七二　前院

一七三　大門

一七四　大門細部

一七七　柱礎

一七五　大門背面

一七六　享殿

一七八　抱鼓石和牆裙

一七九　欄板石雕

一八〇　外觀和環境

一八一　大門

一八二　享堂

一八三　享堂屋架

一八四　寝殿

一八五　寝殿屋架

一八六　大門

一八七　大門磚雕

一八八　享堂

一八九　享堂柱礎

一九〇　享堂柱礎

一九二　寝殿

一九三　寝殿屋架

一九一　享堂屋架

古徽州民俗風情館

一九六　大門細部

一九四　牌坊

一九五　大門

一九七　享堂

一九八　享堂柱礎

一九九　享堂屋架

二〇〇　寝殿屋架

二〇一　壁龕

二〇二　外觀及大門

二〇四　過廳

二〇三　戲臺

二〇五　後院正廳及兩厢

二〇六　樓梯

二〇七　大門

黟縣敬愛堂

二一〇　享堂屋架

二〇八　門廊屋架

二〇九　享堂

二一一　寝殿

二一二　大門

二一三　檐下斗栱

二一四　享堂屋架

二一五　享堂柱礎

二一六　寢殿前天井(後頁)

圖版説明

開封山陝甘會館

位于河南省開封市徐府街中段。建于清乾隆四十一年(一七七六年),由山西、陝西、甘肅三省的富商集資興建。現存建築爲會館的主體部分。前後四進,一進爲照壁,二進爲戲臺,三進是一座牌樓,四進爲主殿。建築布局和建築形制均與其他會館有所不同。

建築裝飾也極其華麗,所有建築的屋脊、梁枋、柱礎等處均滿布磚雕、木雕、石雕,仿佛構成了一座雕塑藝術館。尤其是木雕,人物故事、花卉鳥獸生動傳神,且在木雕上再加彩繪,更華麗。色彩處理也很講究,中軸綫上的主體建築用綠色琉璃瓦,兩側的廂房則用灰色筒瓦,以突出主體,取得很好的視覺效果。

一 照壁

會館臨街外觀爲一座照壁及左右兩座掖門。照壁高六米,長一六・五米。檐下做磚雕仿木結構,并做有花卉、鳥獸等圖案。照壁兩端掖門爲單檐廡殿式,覆綠色琉璃瓦,檐下出挑五層如意斗栱,并飾彩畫,色彩華麗,裝飾考究。

二 戲臺背面

照壁之後便是戲臺,因戲臺正面朝向内院,所以進入會館首先看到的是戲臺的背面。從戲臺下面的門可直接進入後院,因此,戲臺又相當于會館的二門。

三　戲臺正面

進入内院回過頭看便是戲臺正面。此戲臺做法與一般會館戲臺做法不相同，正面前部爲一單檐捲棚歇山式，下部較高且完全爲磚築，後部爲一磚木結構的兩層硬山式，兩側有磚砌階梯直上二層。戲臺與兩旁的廂房不相聯結，形成獨立建築。這種做法在别的會館中少見。

四　木牌樓

牌樓豎立在後院中間，面闊三間，六柱五樓。再次間分别向前後四十五度方向岔開，結構穩定，爲别處木構牌樓中較少見的做法。牌樓頂覆緑色琉璃瓦，檐下做如意斗栱并飾彩畫，裝飾考究。

五　從拜殿朝前看庭院

牌樓矗立于庭院正中，將縱向狹長的庭院分隔成前後兩部分，很好地起到了分割和調節空間的作用，同時也使縱向的空間層次更加豐富。

六　垂花門

戲臺的兩側各有一座垂花門，從前院進入後院既可經戲臺下的大門，也可以經兩側的垂花門。垂花門雖小，却極富裝飾性，綠色琉璃瓦屋頂上做四條垂脊，相應地檐下做四根垂花柱，下部做四個抱鼓石。

七　鐘樓

鐘樓位于後院東側前部，與之相對西側前部有鼓樓，兩樓東西相對，建築形式相同。下部一層磚砌臺座，上建木構兩層亭閣，重檐歇山頂，綠色琉璃瓦。樓内設格扇門窗，外設圍廊。下部磚砌臺座有拱門，入内有樓梯可以登臨。兩樓相對，增添了建築群的宏偉氣勢。

八　厢房

後院東西兩側各有厢房，分别接于鐘樓鼓樓之後。厢房又分爲前後兩段。前厢房爲一開間，後厢房爲三開間。均爲單檐硬山式，上覆灰色筒瓦，但屋頂中央用黄瓦排列出菱形圖案。兩端山牆均飾有磚雕，檐下柱間額枋上木雕裝飾華麗。

九　拜殿

拜殿爲後部主殿建築群的組成部分，主殿建築群由前部拜殿、中間過殿及後面正殿建築相聯而形成完整的建築群體，但從正面衹能看到拜殿。拜殿面闊三間，而後面過殿和正殿均爲五開間，從外觀上容易給人以正殿過小的錯覺，此爲美中不足。

一〇　庭院兩側小院落

正殿兩旁各有一個小院落，可從拜殿前的月臺走廊向兩旁拐彎，轉向後部，空間富有變化。月臺走廊外種植花草樹木，減少了建築空間的單調感，使之更富有生氣。

一一　牌樓裝飾

院中牌樓的裝飾極其考究，檐口下做五踩如意斗栱，昂頭彎曲上翹，猶如龍鱗鳳羽。垂花柱上精雕各種圖案花紋。藍底金字牌匾上豎書『大義參天』，周圍雕刻蛟龍盤繞，并描以金色。斗栱、額枋、垂花柱等各處均同時飾有彩畫。

一二　磚雕藝術

會館的磚雕主要集中于兩處，一是前部的照壁，一是兩側厢房。照壁上除用磚仿木構做成飛檐椽子、龍頭挑枋和垂花柱以外，還用磚雕做成各種裝飾帶，使牆面造型异常豐富。厢房的磚雕則主要用于屋脊及兩端山牆的裝飾，這是北方磚構建築常見的裝飾手法。

一三　木雕彩畫藝術

木雕并施彩畫的裝飾手法是開封山陝甘會館建築藝術的一大特色，比其他各處會館都用得多。整個會館中凡有木雕之處皆同時施用彩繪，無一處素色木雕。彩繪以金色和綠色爲主，同時根據裝飾題材内容的需要施加少量其他色彩，造成金碧輝煌之效果。

一四　木雕彩畫藝術

周口關帝廟

位于河南省周口市内富强街，是由山西、陝西兩省商人集資興建的大型會館。因會館中祭奉關帝，因而稱關帝廟。始建于清康熙三十二年（一六九三年），經雍正、乾隆、嘉慶、道光等歷年擴建、重修，于咸豐二年（一八五二年）全部落成，歷時一百五十九年。除側院附屬用房外，主體建築保存完好。占地兩萬一千平方米，現存殿宇樓閣一百四十餘間，規模之大爲一般會館所少見。

周口關帝廟在總體布局上很有特點，雖仍是庭院式布局，但庭院爲開敞式的，庭院之外又有圍牆，建築成組組合。主體建築雖祇三進，但每一進都是一個群體，這種布局方式也是其他會館所少見的。主體建築第一進爲山門，山門之外有照壁，現僅存遺址。第二進是以大殿爲主的一組建築，從前到後依次爲石牌樓及左右碑亭、享殿、大殿以及大殿背後的戲樓。這一進實際上由四座建築構成。第三進亦由前後兩座建築構成，前爲拜殿後爲春秋樓。因此主體建築從院落上看祇有三進，但實際上中軸綫上的建築却有七座，構成一個變化豐富的序列空間。除中軸綫上的享殿、大殿、拜殿、春秋樓以外，東側有河伯殿、老君殿、藥王殿、竈君殿，西側有炎帝殿、馬王殿、財神殿、酒仙殿。除此之外，前後兩院中東西兩側還各有廊房、廡殿、看樓等，均有相當大的規模。

建築裝飾也是極盡華麗。從山門到春秋樓，中軸綫上的主體建築上所有的梁枋斗栱等構件上均布滿了雕刻彩畫，所有的石柱礎都裝飾有精美的石雕。屋頂上也都飾有琉璃雕花脊。月臺周圍也均是石雕欄板、石雕望柱，那些純粹裝飾性建築，如石牌樓、碑亭、鐵旗杆等更是滿布雕飾、美侖美奐。

一五　會館中心建築群

中心建築群由四進構成。分別爲石牌樓及碑亭、享殿、大殿、戲臺等。四進建築構成一個整體。聳立在石砌的月臺之上。周圍繞以石欄杆。白色的石構月臺欄板、望柱、石碑與紅柱彩畫的木構建築相襯映，造型突出而又色彩鮮明，突出了主體建築的地位。

一六　從大門看中心建築群

進入會館大門，透過門廊即可看到開闊的庭院，中心建築群赫然矗立于庭院之中，异常突出。牌樓、碑亭與享殿、大殿之間拉開距離，紅柱林立，很有縱深發展的空間感。

一七　石牌樓

建于清乾隆三十年（一七六五年）。四柱三樓式，歇山頂，高七・八五米。屋頂全由石雕而成，各處梁枋上滿布『二龍戲珠』、『鳳凰牡丹』、『八仙過海』等人物花鳥祥瑞圖案。夾柱、抱鼓石上亦雕有獅子及山水人物等，雕工精美，爲整個會館中石雕藝術最集中之處，體現了石雕藝術的高超水平。

一八　碑亭

石牌樓兩旁各立碑亭一座，建于清道光十八年（一八三八年）。亭爲六角攢尖頂，覆黃綠兩色琉璃瓦。紅色木柱，枋上繪有旋子彩畫，色彩艷麗。兩亭內各立有道光十七年『重修關帝廟碑』及『歲積厘金碑』，記載周口三百二十餘商行店鋪捐資建廟的歷史。

一九　鐵旗杆

牌樓和碑亭前的月臺兩旁各樹有一根鑄鐵旗杆，高二十二米，直徑二十八厘米，重三萬餘斤。杆身鑄有蓮花、龍、飛鳳、日徽月徽、壽字如意方斗等，鑄造工藝精美。此類鐵旗杆在河南的山陝籍會館中常見，它處少見，具有明顯的地域文化特徵。

二〇　戲臺

戲臺在中心建築群之後，背靠大殿，建于清道光十七年（一八三七年）。重檐歇山式，上覆綠色琉璃瓦，下檐中間斷開，嵌入藍底金字的『聲振靈霄』匾額。梁枋各處均飾以木雕圖案。紅色木柱與屋頂、匾額交相輝映，色彩艷麗，裝飾精美。

二一　從後部拜殿看戲臺

從後部的拜殿正面看戲臺，屋頂造型异常突出，中間高，兩旁低，并和其背面的大殿組合成一有機整體。

二二　拜殿及後殿春秋閣

拜殿建于清咸豐元年（一八五一年），後殿春秋閣建于清嘉慶五年（一八〇〇年）。先有春秋閣，後在其前面加建拜殿，兩者緊密相聯。春秋閣爲重檐歇山式，高兩層，拜殿爲單檐捲棚式，均爲五開間。拜殿衹有柱，無門窗，四面敞開，前有寬闊的月臺，作觀戲和參拜兩用。

二三　從戲臺看拜殿及春秋閣

遠觀後殿建築群，前後兩座建築緊密相聯。雖然主次分明(春秋閣爲重檐歇山，拜殿爲單檐捲棚；春秋閣覆綠色琉璃瓦，拜殿覆灰色筒瓦），不失宏偉壯觀，但拜殿遮掩了春秋閣的正面，從正面和旁邊都無法看到春秋閣的全貌，此爲美中不足之處。

二四　儀門

春秋閣兩旁各有儀門一座，懸山式、灰色瓦頂。檐下嵌有藍底金字匾額，一爲『威臨海甸』，一爲『日麗天中』。兩邊有臺階和樓梯可分別登臨看樓和春秋閣。

二五　屋頂裝飾

各處殿堂的正脊、垂脊、戧脊上均飾有琉璃裝飾構件。

二六　屋脊裝飾

屋脊琉璃構件有龍鳳鰠吻、仙人走獸及花草植物等。色彩以黄綠兩色爲主，既有變化，又有統一。

二七　屋脊琉璃磚飾

屋頂正脊大面積裝飾用多塊琉璃磚拼接而成，天衣無縫，製作技術高超。

二八　木雕裝飾

主體建築的梁、枋、雀替等處均飾有雕工精湛的木雕。裝飾内容包括人物故事、飛禽走獸、花草植物等，雕刻手法有浮雕、圓雕、鏤空雕等等。

二九　木雕裝飾

廊或檐下的撑拱、挂落等處采用素木雕刻，相互映襯，别有風趣，木雕的手法豐富多變，技藝精美絶倫。

三〇　石雕柱礎

主體建築的木柱之下均有石柱礎，而石柱礎的裝飾手法則豐富多變。有的同一殿堂中的柱礎也做法不一，顯然，柱礎被看作是非常重要的裝飾部分。

三一　石雕柱礎

三二　石雕柱礎

三三　石雕獅子柱礎

柱礎雕刻成獅子，體現了石雕工匠們的藝術想像力。

社旗山陝會館

位于河南省南陽市東四十五公里處的社旗（古稱賒旗）鎮。古代賒旗爲『豫南巨鎮』，是南北商貿貨物集散地。全鎮七十二條街，每條街經營一類商品，如山貨街、銅器街等。山西、陝西兩省商人在此集資興建了這座宏偉的會館，又因會館中祭祀關公，因而又稱『關公祠』、『山陝廟』。會館始建于清乾隆二十一年（一七五六年），經嘉慶、道光、咸豐、同治至光緒十八年（一八九二年）完全建成，歷時一百三十六年，耗白銀八萬八千七百餘兩。會館坐北朝南，南北全長一五四米，東西寬六〇米，面積七千七百餘平方米，規模之大爲國內會館所少見。現爲全國重點文物保護單位。嚴謹對稱式布局，中軸綫上的主體建築有照壁、大門、戲臺、石牌坊、大拜殿、春秋樓。東西兩側有木旗杆、鐵旗杆、轅門、馬厩、鐘樓、鼓樓、厢房、腰房及藥王殿、馬王殿、配殿、道房院等。其中木旗杆和後殿春秋樓于清末時被焚毀，其餘建築均保存完好。

三四　全景

社旗山陝會館是一個宏大的建築群，規模之大爲國內會館所少見。後部的春秋樓及配殿毁于清末。圖中所能見到的是現存的主要建築，前爲琉璃照壁，其後爲大門，兩側各有東西轅門及鐘樓鼓樓，大門之後遠處爲大拜殿。建築群高低錯落，主從分明。

三五　大門及鐵旗杆

大門爲三重檐歇山頂，但最下一層做成硬山式，做法較爲特殊，總高達三十米，其高大宏偉爲其他會館大門所罕見。頂覆綠色琉璃瓦，但在中間部位用黄色琉璃瓦拼出菱形圖案，上層爲一個大圖案，二、三層均爲三個小圖案。大門前豎有一對鑄鐵旗杆，高二十八米，重五萬餘斤。旗杆上鑄有蟠龍、飛鳳、麒麟、獅子等瑞獸以及方斗、鐵旗等裝飾構件，鑄造工藝精美。

三六　戲臺及中心庭院

戲臺在大門的背後，背靠大門，面向庭院。重檐歇山頂，下檐中間斷開嵌入『懸鑒樓』大匾額。此戲臺規模之宏大是會館建築戲臺中很少有的，但因其背靠三十米高的宏偉大門，相比之下又顯得小了。雖然如此，戲臺和後面的大門及兩旁的鐘樓、鼓樓相聯，組成一個群體，整體造型异常生動。

三七　大拜殿

大拜殿建在一個三米高的臺基之上。前有石牌坊，由前部拜殿和後部大殿兩座殿堂相聯而成。拜殿單檐捲棚，大殿重檐歇山，大大高于拜殿加上高臺基，總高達三十四米，比大門更高。大拜殿東有藥王殿，西有馬王殿，均建于高臺基之上，但高度比大拜殿低，以突出中心建築的地位，構成一組宏偉的建築群。

三八　石牌坊

大拜殿前月臺上有石牌坊三座，分别置于月臺前的三道階梯之上。中間一座較大，三開間，兩旁的較小，單開間。牌坊的望柱頭及額枋上均飾有精美的石雕圖案，加之牌坊抱鼓石和月臺欄杆望柱頭上的石雕走獸等，組成一個藝術感極强的雕塑群。

三九　轅門

前院的東西兩側各有轅門一座，這種做法爲其他會館所罕見。因會館前面正中是照壁，所以兩側的轅門實際上是會館的主要入口。這樣從兩側進入的布局并不少見，衹是轅門的式樣做法不同于一般，在一磚石臺基之上建亭閣，下有拱形大門，類似于小型城門，使整個會館顯得更加宏偉。

四〇　厢房

庭院東西兩側各有厢房十三間，頂覆灰色筒瓦，綠琉璃瓦剪邊。屋面中部用黄綠兩色琉璃瓦拼成菱形圖案。檐下有斗栱，木柱之間的額枋上有木雕花紋，可見原爲全木結構，現在所見青磚牆面爲後來所建。

四一　戲臺檐口裝飾

戲臺檐柱爲石柱，但與木構梁枋相拼接做得很好，額枋雀替上均飾以高浮雕花紋。斗栱昂翹也全部用高浮雕及圓雕做成，仿佛整座建築都成了一個雕塑作品。

四二　戲臺内部裝飾

戲臺内部裝飾全用木雕做成，木雕屋檐，木雕斗栱，木雕額枋以及柱與柱之間的木雕屏風，全都飾以精美的木雕花紋。特别是那些用小木塊拼裝而成的小型斗栱，體量雖小，却也雕有花紋。製作工藝精美絶倫。

四三　石雕屏板

在大拜殿檐柱的兩側各豎有一塊石雕屏板，高二米，寬○・九米，上做單檐歇山頂，下有須彌座。

四四　石屏

石屏分立于大殿左右，兩塊分別雕刻有『十八學士登瀛洲』和『漁、樵、耕、讀』等人物故事山水圖案。這種石雕屏板的做法也是別處所罕見的。

四五　石雕藝術

大殿欄杆均有動物石雕，其石雕藝術從內容到形式均豐富多彩。

四六　石獅雕刻

在衆多石雕中，尤以圓雕石獅及各種走獸特别突出。大拜殿前月臺欄杆望柱、石牌坊抱鼓石等各處均飾有石獅走獸，雕刻工藝精美。

四七　人面獸身石刻

大量動物石雕中，尤爲特别的是其中有人面獸身的怪獸，其形象之怪异顯然是受外來文化影響的結果。

四八　柱礎

該會館因建築高大宏偉，柱子亦極其粗壯，因此柱礎也特别宏大，成爲裝飾的重點。

四九　柱礎

不論木柱還是石柱，其柱礎均經過精雕細刻。各處柱礎上的裝飾從題材内容到雕刻手法均各有特色，無一雷同。

五〇　柱礎

柱的雕刻充分體現了石雕藝人豐富的藝術想像力和創造才能。

洛陽潞澤會館

位于河南省洛陽市内。始建于清乾隆九年（一七四四年）。由山西省潞安（今長治）、澤州（今晋城）兩地商人集資興建，因而名潞澤會館。整體布局很有特點；中軸對稱，主體建築三進。一進爲大門、戲樓及兩側角樓，二進主殿，三進由後殿及兩側耳樓組成。兩側配置厢房、厢樓等。一進戲樓與二進主殿之間庭院極其寬闊，類似廣場。二進主殿和三進後殿之間的庭院則非常狹窄。這種布局顯然是從使用功能上來考慮的。前院主殿和戲臺是舉行祭祀、慶典等大型公共活動的場所。後殿及兩側耳樓、厢樓則是會客、商務活動以及客商住宿等私密性半私密性場所。這種布局不僅滿足了功能的要求，而且從建築上來説，前院的寬敞，更加突顯了主殿和戲臺建築的宏偉。

五一　外觀

潞澤會館的外觀與一般會館不同。大門極其高大寬闊，重檐歇山頂。兩側延伸出高大青磚牆，實爲兩側耳房。但下部不開窗，衹在上部開小窗，類似城牆。兩端各升起一個三層樓高的角樓。角樓單檐歇山頂，厚牆壁，開小窗，大有皇宫城樓的氣勢。

大門和戲臺合爲一棟，正面爲大門，背面爲戲臺，因而有兩層樓高，顯得特別高大宏偉。重檐歇山頂，覆灰色筒瓦綠色琉璃剪邊。正面五開間，紅色檐柱高大粗壯，柱下有石雕獸形柱礎。大門前有高大雄壯的石獅一對，整體氣勢异常雄偉。

五二　戲臺

戲臺即大門的背面，五開間，兩層，下層爲大門入口，上層爲戲臺。此戲臺异常寬闊，

爲其他會館戲臺所少見，因而號稱河南省內最大的戲臺。戲臺與兩側耳房相連，以較低矮的耳房來突出戲臺的高大雄偉，同時在使用上也極爲方便。

五三　正殿

正殿建于廣闊的月臺之上，月臺之前有一對高大雄偉的石獅，月臺欄板望柱亦均有石雕

裝飾。正殿面闊五間，重檐歇山頂，覆灰色筒瓦，綠色琉璃剪邊，同時在屋面正中用黃綠兩色琉璃瓦拼成菱形圖案。正殿建築造型比例極佳，與前面寬闊的庭院月臺共同構成一幅壯闊的場面。

五四　角樓

從大門戲臺兩旁延伸出的耳房的兩端各有一個角樓。高三層，青磚砌築，單檐歇山頂，

覆灰色筒瓦，綠色琉璃剪邊。厚牆壁，開小窗，形似城牆碉樓。這裏原爲會館的雜務用房，但其特殊形制使會館建築外觀更宏偉。

五五　後殿耳樓

後殿兩旁各建有一棟耳樓，兩層硬山式，上下均有外廊，裝格扇門窗，另有上下兩層連廊與後殿相通。連廊亦裝有格扇門窗，全封閉，這裏是過去會館中商務活動、會客及客商住宿的場所，具有私密性和半私密性，其建築形式很好地適應使用功能的需要。

五六　木雕裝飾

潞澤會館的裝飾與其他會館有所不同，不是滿雕滿繪，而祇是重點部位如額枋中部和兩端及雀替處做裝飾。其裝飾雕刻極其精美，起到畫龍點睛的作用。

五七　大門前石獅

大門與正殿前各有石獅一對，其造型古樸而雄壯，雕刻手法圓潤而又粗獷。石獅下的須彌座亦用高浮雕做成龍鳳麒麟等裝飾，刀功古拙雄渾。

五八　柱礎

潞澤會館的石雕與其他會館相比不算精美華麗，其特徵却是古樸。柱礎亦是如此，圖案花紋并非細膩精巧，但在其質樸的手法中透出古樸雄渾的豪氣。

上海三山會館

位于上海南市半淞園路。建于清宣統元年（一九〇九年），由福建旅滬水果商人集資興建。『三山』指福建省福州市内的于山、烏後山和閩山，因此『三山』即爲福州的别稱，『三山會館』實爲福建（福州）會館。又因會館中祭祀天后（即福建人供奉的媽祖），所以也稱『天后宫』。這是一座小型會館，或許是上海大城市中地皮受限制的原因，全館占地僅四・二畝左右，衹一個小庭院。雖規模不大，但從整體布局到建築式樣、裝飾手法，均是南方會館建築的典型。

五九　會館大門

整體爲傳統的馬頭牆式樣，紅磚砌築。石砌基座雕有圖案花紋。牆頭上部白色鑲邊，綫條簡潔，既有傳統的閩南風格的馬頭牆的特點，又含有近代建築的氣息，因該建築年代較晚，受到上海近代建築風格的影響。

六〇　戲臺

戲臺在大門之後，背靠大門，從大門進入，穿過戲臺下面進入庭院。整體造型爲單檐歇山式，典型的閩南式燕尾脊，但造型較爲簡潔，無過多裝飾。臺內頂棚做深覆盆式藻井，藻井四周雕刻有上海古城牆及樓閣亭臺，工藝精美。臺後部兩側有準備間，與兩側廂廊相聯，功能合理，使用方便。

六一　廂房與閣樓

庭院兩側是廂房，分別與戲臺兩端相聯，一直延伸到正殿前。廂房爲上下兩層，均有格扇門窗分隔，外設走廊。既可會客商談，又可作觀戲之用。兩側廂房的端頭各升起一個三層高的小閣樓，并部分懸挑出來。此部位本是廂房的樓梯間，但升到第三層又成了一個私密性很强的小房間，大概是供小型聚會商談所用。這種閣樓做法在其他地方的會館中罕見。

六二　垂花柱

戲臺檐口、大殿檐口、廂房走廊及閣樓懸挑部分的下面均做有裝飾性的垂花柱。垂花柱由整塊木料圓雕花草植物圖形，是典型的閩南風格的裝飾做法。此會館建築的其他部位較少裝飾，惟重點部位飾以垂花柱，起到『點睛』的作用。

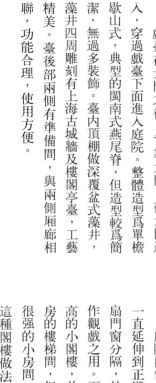

北京湖廣會館

北京湖廣會館位于北京市宣武門外虎坊橋，始建于清嘉慶十二年（一八〇七年），是由湖南、湖北兩省旅京人士爲聯絡鄉誼而集資興建的同鄉會館，主要用于同鄉寄寓或歲時聚會，是目前北京保存最完好的會館之一。一九一二年八月二十五日孫中山先生在此參加各黨派聯合會議，宣告國民黨成立。

會館主體建築有大戲樓、鄉賢祠、文昌閣、風雨懷人館、寶善堂、楚畹堂等。

大戲樓爲全館的中心，建于清道光十年（一八三〇年），爲兩湖同鄉集會、公宴之地。據記載，前清鄉人團拜時，演劇聯歡。民國以後，著名京劇藝術大師譚鑫培、余叔岩、梅蘭芳等都曾在此演出過。

六三　外觀

北京湖廣會館主體建築坐北朝南，但入口却不是在南邊而是朝向西邊。大門是一座三開間捲棚歇山式建築，其南邊十餘米處又有一小垂花門。大門直通中央主體建築大戲樓，垂花門則直通前院，估計以前是在不同的場合時開不同的門。

六四　前院

由一個小垂花門進入，便是會館主體建築的前部庭院。庭院不大，尺度宜人，不像是一個有着大戲樓的公共會館，倒像是一個家宅或者小旅館的庭院。周圍沿圍牆有廊廡相連。廊廡很矮小但非常精緻，梁枋檁子等處均飾有彩畫。整個庭院使人感到温馨而親切。

六五　戲樓内景

戲樓内有看戲大廳，周圍爲二層圍廊亦可看戲。戲臺及圍廊均施以彩畫，裝飾華麗。

六六　戲樓内景

六七　鄉賢祠與文昌閣

鄉賢祠在會館中院。文昌閣位于鄉賢祠樓上，閣中奉『文昌帝君神位』，實爲會館的正殿。

六八　風雨懷人館

風雨懷人館在鄉賢祠與文昌閣後面，三開間，下有高臺，可從兩側斜廊而下，造型獨特。清末杰出的湖南籍書法家何紹基曾題對聯一幅：『何必開門，明月自然來入室；不須會友，古人無數是同心』。這正是建築的樸實清雅的寫照。

自貢西秦會館

位于四川省自貢市内。因會館内供奉關帝，又稱『關帝廟』，又因由陝西鹽商集資興建，也俗稱『陝西廟』。始建于清乾隆元年（一七三六年），歷時十六載建成。道光七至九年（一八二七至一八二九年）擴建重修，形成現存規模。現闢爲鹽業歷史博物館，全國重點文物保護單位。西秦會館的整體布局較爲特別，也許是由于地形條件的原因（後面靠山），前部庭院寬敞，氣勢宏偉，而中軸綫後部的主體建築則相隔距離較近，空間顯得有些局促。由于向後部發展受到限制，便向兩旁發展。正殿兩側各有一個極其小巧的庭院，方寸天地仍布置著小橋流水、假山怪石。這裏是會館的客廨，用來招待行旅商人，因而營造出一片極其舒適的生活情調。單體建築造型的奇特精巧是西秦會館的最大特點。裝飾藝術也很有特色，是一座南北建築藝術交流融合的上乘之作。

六九　門樓

在中國現存的會館建築中，西秦會館在建築群體造型及裝飾藝術上是一處瑰寶。

七〇 門樓及戲臺屋頂

西秦會館門樓在平面上與戲臺融爲一體，門廊與戲臺的主要柱網一致，開間相同，可視爲同一進平面，但其外形從側面看却有三個屋頂。門樓爲四層歇山頂，中間則嵌入一更大的歇山屋頂，而戲臺上方却有一個三層重檐的盔頂，造型十分豐富，構造極爲複雜，從正、側、後三方看屋頂形態各不相同。它表現出西秦會館華麗、奇特的藝術風格。

七一 門樓屋頂側面

從會館前右側或左側可看到門樓上十五個飛起的翹角，更可以領略到西秦會館建築凝重宏偉、起舞騰飛的豐姿及其十分複雜的屋頂構造。屋面覆灰色筒瓦，屋脊均飾以精細的鏤空陶飾。翹角出挑很大，向上飛起，裝飾十分精細。

七二 戲臺

西秦會館的戲臺背靠大門，除中間舞臺之外兩邊均有側臺，可供樂隊使用及存放道具。側臺與兩邊廂樓相通，舞臺及側臺下層均可作大門的出入通道。戲臺與大門在同一平面內，但前部大門爲四層的歇山屋頂，而戲臺却做成三層檐盔頂。屋檐的最下層居中斷開，令戲臺的臺口顯得更加高大。戲臺裝飾華麗，屋頂鏤

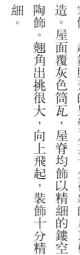

空陶飾，臺口有大量木雕裝飾并施彩畫，融入南北方的藝術精華，突顯山陝鹽商的實力。

七三　屋頂裝飾

西秦會館的裝飾做法采用許多北方建築的手法，然而屋頂却不全采用北方常用的懸山和歇山，而是大量采用南方民居常用的封火山牆。這樣有利于處理與相鄰建築的連接關係，并在山牆加做起翹的小檐與建築整體協調，形成造型優美的屋頂輪廓。

七四　屋頂形式組合

從側面看西秦會館的屋頂可見有歇山屋頂、盔頂及封火山牆，形成十分豐富的輪廓。

七五　前院廂樓

西秦會館大門之內一進與二進之間是一處約八百平方米的院落，沿大門中軸綫依次排列大戲樓、福海樓、抱廳、參天閣、中殿、華亭及正殿，戲臺兩側廂樓中間建有賁鼓、金鏞二閣，造型玲瓏別致。院落四周樓閣高聳，屋檐齊舞，氣派非凡。

七六　殿堂屋頂

殿堂屋頂封以山牆，牆上均做屋檐及脊飾，與殿堂的屋頂裝飾協調一致，以求統一的藝術效果。

亳州山陝會館

位于安徽省亳州市北關西北隅，本名『大關帝廟』，俗稱『花戲樓』，由山西、陝西兩省商人集資興建，始建于清朝順治十三年（一六五六年），康熙十五年（一六七六年）增建戲臺，乾隆三十一年（一七六六年）『新建大殿，增置座樓，藻采歌臺』，形成完整規模。現存建築有牌樓大門，戲臺，兩側鐘樓和鼓樓，兩廂樓座，大殿，財神殿，禪房，現爲全國重點文物保護單位。整體布局前爲牌樓大門，大門後是戲臺，進大門後從戲臺下穿過進入院內。戲臺對面是大殿，兩側廂房爲上下兩層供觀戲用的樓座，圍合成一寬敞庭院。大殿左右各有一庭院，東院有財神殿，西院爲禪房。平面布局嚴謹有序。建築以工藝精巧、裝飾華麗著稱。整座建築營造出一種戲曲藝術的文化氛圍。大門和戲臺是亳州山陝會館的精華，是清代民間建築、美術、戲曲藝術的資料寶庫。

七七　外觀

會館坐北朝南，呈中軸對稱布局，主軸綫上設山門、戲樓、大殿。戲樓在山門之後與山門連爲一體，面對大殿。戲樓與大殿之間，東西兩側相對建有兩層的廂樓，形成正方的四合院。

七八　山門

山陝會館的山門爲三開間，東西兩側設鐘樓、鼓樓。山門與鐘、鼓樓的牆面均爲水磨磚砌成，并鑲嵌衆多精細的磚雕，有人物、車馬、城池、樓臺、亭子等，組成《大梁城》、《郭子儀上壽》、《白蛇傳》、《關城之戰》、《三顧茅廬》等戲劇故事。磚雕布局錯落有致，雕功細膩，堪稱精品。

七九　山門牌樓

山門牌樓構圖比例關係良好，牌樓檐部、梁、枋、柱、牆面的材料、色彩關係得當。正門上額鑲藍底金字『大關帝廟』扁額，其上又鑲『參天地』，顯得古樸大方又不失華麗。山門前鎮門獅子盤踞兩旁，再配竪一對高十六米的鑄鐵旗杆高聳門前，盡顯會館之氣派。

八〇　鑄鐵旗杆

山門之外兩側的鐵旗杆，高十六米有餘，重達一十五噸。蟠龍繞杆飛舞空中。每杆上有方斗三件，斗上風鈴四隻，迎風作響。杆頂各有丹鳳一隻，丹鳳上高懸日月二字，取光照日月之意，不僅裝飾獨特，且寓意深刻。

八一　山門匾額

山門上『大關帝廟』匾額周圍均有十分細膩的磚雕，不僅顯示其裝飾華麗，而且襯托匾額更爲顯眼。

八二　水磨磚牆

水磨磚牆的磚雕構圖優美，雕功細膩，每塊都堪稱精品。

八三　戲臺

戲臺緊接山門之後而建，平面爲凸字形。歇山屋頂，琉璃瓦面，翼角高翹，脊飾華麗。梁枋的鏤雕裝飾十分精細。戲臺内部裝飾更是金碧輝煌。

八四　戲臺内裝飾

戲臺正中裝有二龍戲珠木雕屏風，四周有額枋和垂花柱，柱間的大梁和額枋之間鑲有玲瓏剔透的木雕，十分華麗。

八五　戲臺内裝飾

戲臺内皆硃紅柱身鎦金柱頭，撑栱浮雕十分講究。

八六　戲臺内裝飾

戲臺内部天棚四周的額枋、垂花柱等處均滿布木浮雕，并施以彩繪，木浮雕的雕功精巧，剔透玲瓏。

八七　戲臺内裝飾

戲臺内雕刻的内容均以戲劇場景爲主題，如《長板坡》、《空城記》、《三氣周瑜》等戲劇場景多達一十八幅，構成雕刻藝術的長卷畫面。

八八　戲臺内裝飾

人物木雕每一場景之間以垂花柱隔開。垂花柱滿飾花草圖案，琳琅滿目，色彩絢麗，力求渲染戲臺之熱烈氣氛。

聊城山陝會館

山陝會館位于山東省聊城東關古運河西岸，坐西朝東，面河而立，是山西、陝西商人合建的一處會館建築群。始建于清乾隆八年（一七四三年），歷經擴建。現建築面積約三千三百平方米，采用中軸對稱布局。在中軸綫上依次有：山門、戲樓、獻殿、正殿、春秋閣；左右軸綫上有鐘鼓二樓、南北看樓、南北碑亭、南北獻殿、南北大殿和南北配房等。早在元世祖至元二十六年（一二八九年）開挖會通古運河之時，聊城就成爲沿河九大商埠之一；明清兩代則被世人喻爲：『挽漕之襟喉，天府之肘腋，江北一都會』。當時的聊城商賈雲集，運河兩岸，街道繁華，會館林立，其中有山陝、江西、蘇州等諸會館。其後隨著運河交通的衰落，諸會館相繼廢弃，毀壞，惟山陝會館得以保存。

八九　山門

會館的山門是三開間歇山頂形式，當心間開大門。山門翼角飛挑，額枋、門框、柱礎等處均有精細的雕刻，整座山門雍容華貴。

九〇　山門檐部

山門檐下爲華麗的十字攢心如意斗栱。山門的中間大門高三米，寬二・三米，門框用灰石雕成，其紋飾爲二十隻不同姿態的仙鶴飛翔于祥雲之中。上部兩角部位雕有鳳凰，中間爲麒麟石雕。

九一　戲臺

會館的戲樓爲捲棚歇山頂，兩翼展開，如鳳凰飛舞，爭奇斗艷。戲樓兩側爲南北夾樓，與戲樓連爲一體。戲樓與夾樓內壁記有來此演出的戲班及劇目，爲研究我國戲曲發展史提供了重要資料。

九二　正殿

會館正殿爲供奉關羽神座的地方。由南、中、北三大殿組合而成，是會館的中心建築。

九三　北獻殿

沿會館北軸綫有北獻殿，亦爲祭拜的場所，南北獻殿隔内院相對而設。

九四　正殿柱礎

會館正殿的柱礎石雕精細，自下而上三層，有須彌座的構圖手法。

湘潭北五省會館

湘潭北五省會館又稱關帝廟，位于湖南省湘潭市，建于清朝康熙年間。經乾隆、嘉慶、道光及民國年間多次修建，但屢遭破壞。一九九八年作全面修復後闢爲博物館。建築沿中軸布置大門、前殿、春秋閣及後殿四進三院。

九五　牌樓

原建築有大門與戲臺，修建時戲臺被拆除，改建爲牌樓形式。此乃參照湖南地方廟宇的做法。

九六　水院及厢房

大門與前殿之間設水院。水上建有石橋爲會館主要通道。水院兩側爲厢房，是古時議事、會客、住宿的地方。厢房與石橋之間用水分隔，使厢房不受庭院行人活動的干擾，保持厢房環境安靜。

九七　前殿

前殿爲七開間二層硬山頂，底層前廊四根八方形石柱，上層接木柱。

九八　春秋閣

中進大殿亦稱春秋閣，殿内供奉關聖神像。殿前有單檐歇山過亭相接。閣面闊三間、進深三間、四周圍廊，重檐歇山，高十六米，檐下出兩挑斗栱。檐柱及亭柱均爲八方形漢白玉石柱，花崗石臺基高一米。殿前有透雕漢白玉蟠龍石柱一對，柱上鏤空蟠龍盤旋而上，栩栩如生。龍柱下座石獸與蟠龍構成和諧的整體，雕功流暢細膩，實屬罕見。圍欄均用漢白玉欄板雕刻花卉鳥獸。殿頂覆蓋黄色琉璃瓦，雙龍正脊，葫蘆脊頂，鰩吻翼角高翹。脊飾均爲鏤空琉璃，莊重而富麗。

九九　大殿前石獅

大殿前石獅一對，通高二・七米，大獅背伏小獅，神情生動。

一〇〇　蟠龍石雕

大殿前石級中嵌丹墀，浮雕漢白玉石蟠龍。龍首翹望，雲翻龍騰，形態逼真。

一〇一　蟠龍石雕

烟臺福建會館

山東烟臺福建會館又稱天后宮，始建于清光緒十年（一八八四年），光緒三十二年竣工。會館占地約三千五百平方米，沿中軸綫排列山門、戲樓、大殿，兩側爲東西廊廡。

一〇二　外觀

從現有馬路看會館背面及群體，大殿歇山重檐，燕尾脊，既有北方殿堂宏大之氣勢，又融入閩南民間建築的濃烈風韵。

一〇三　山門

山門繼承了我國古代廟宇的建築形式及風格，單檐歇山，兩側有耳房，檐下木雕斗栱，工藝精巧，彩繪琳琅滿目。由十四根石、木柱支撑屋頂。屋頂垂脊、飛檐飾有十二個玲瓏小亭子，并在屋脊、檐下彩雕人物、花卉、珍禽异獸，造型生動。

一〇四　戲臺

戲臺歇山重檐，前臺石柱，上部木柱，屋頂飛檐高翹，脊呈弧形，充分體現閩南風格。據傳戲臺的精湛構件均在福建製作船運烟臺，不幸遇大風浪中途沈没。現存戲臺爲後來補建。

一〇五　大殿

大殿五開間重檐歇山屋頂，雄踞中軸綫盡頭，蔚爲壯觀。大殿堂内供奉海神媽祖娘娘。屋脊呈燕尾形起翹，具典型閩南風格，屋脊飾『雙龍戲珠』龍吻。圍脊有瓷片鑲嵌的人物、花卉、飛禽走獸。檐下飾民間故事、神話傳説。雕工精湛，色彩斑斕。

一〇六　大殿檐下裝飾

大殿檐下斗栱及梁枋上施以木雕及彩畫，裝飾富麗堂皇。

一〇七　大殿檐下装飾

一〇八　大殿檐下装飾

一〇九　大殿檐下装飾

天津廣東會館

天津廣東會館位于天津市南開區南門內大街，建于清光緒三十三年（一九○七年），三進庭院，坐北朝南。主體建築有大門、厢房、正廳、戲樓等。建築布局呈中軸對稱的形式，大門和正廳之間爲前庭，前庭兩側有厢房。正廳兩旁各有一個旁院，有廊廡與後部建築相連。後部中心建築是一個很大的戲樓，戲樓內有一寬十一米、深十米的大戲臺，觀衆廳一層爲散座，二層爲包厢，三面均可看戲，可容七八百人，規模之大爲國內罕見。裝飾工藝均極其精美，具有嶺南藝術風格。

當年會館周圍還建造有鋪房、住房三百多間，在會館東南面建有花園，名『南園』，栽花種樹，景色優美，并設有醫藥房，供廣東同鄉休息養病；惜今均已不存，僅存主體建築。現闢爲天津戲劇博物館。

一一○　大門門廊和木屏牆

大門爲三開間硬山式，頂覆灰筒瓦，爲北方做法，但屋脊和吻獸却有南方特色。是一南北風格相結合的建築。大門後有一木製屏牆，打開大門時從外面不能直接看到庭院。木屏牆後是一寬敞的門廊，廊內粗壯的黑漆木柱和雕飾精美的梁枋雀替等，爲典型的嶺南風格。木製屏牆雕刻有精美的圖案花紋，上懸『粵聲津度』的牌匾，表明南北藝術文化的交流。

一一一　前院和正廳

進入大門便是一寬闊的庭院，兩旁有厢房，中間是正廳。正廳爲三開間硬山式。爲擴大內部空間的需要而把屋面做成兩個屋頂相連的形式，前面的屋頂較矮，爲捲棚式屋頂；後面的屋頂較高，上做花脊吻獸，風格與大門屋頂相同。檐口下的梁枋均雕有精美的花紋圖案，與大門後的門廊做法相同。正中門楣上懸挂著『嶺渤凝和』的牌匾，表示异地文化的和諧交融。

一一二　旁院

正廳的兩旁各有一個較爲寬敞的院落，作爲交通空間。靠牆有廊廡，將前院主體建築和後部建築連接起來。這種旁院的做法與一般會館的做法有所不同，庭院的空間組合顯得更加豐富。

一一三　正廳山牆

正廳爲硬山式建築，青磚牆面。牆面上部有兩大塊突出于牆面的磚雕，上面爲四角形高浮雕花紋圖案，下面是六角形蟠龍浮雕，工藝精美，爲單調的牆面增添了濃厚的藝術色彩。

一一四　檐廊裝飾

前院兩邊的厢房檐下的露明屋架做得極其考究。半圓拱形捲棚下面做半圓形虹梁，下面再做一普通虹梁。上下兩根虹梁均滿雕捲草植物花紋，雕刻工藝極其精美。全做黑色油漆，不加其他色彩，具有典型的嶺南式裝飾風格。

一一五　戲臺

廣東會館的戲臺規模之大爲國內罕見，面寬十一米，進深十米，爲懸臂式結構。臺口無一根立柱，視綫不受遮擋。戲臺內頂部用細木構件榫接而成螺旋式藻井，工藝精美，音響效果良好。臺內正面懸挂『薰風南來』巨幅牌匾。前臺横眉以透雕技法刻成獅子滾綉球圖案；兩角雕成荷花狀垂花柱；舞臺正面鑲嵌著巨幅木雕，上有天官、童子、猿猴、松柏、雲氣和四角的蝙蝠，裝飾華麗精巧。

一一六　壁畫

進入大門後的門廊內，兩邊牆上飾有大幅壁畫。其中左邊一幅的內容是記載當年著名戲班在此演出的情况，上書『大行散樂中都秀在此作場』，是寶貴的戲曲藝術歷史資料。

廣州陳家祠

位于廣州市中山七路，由廣東省七十二縣陳姓族人合資興建。因建成後在祠堂內辦學，供陳姓子弟讀書，故又稱『陳氏書院』。始建于清光緒十六年（一八九〇年）光緒二十年建成。寬八〇米，縱深一五〇米，占地一萬三千二百多平方米，建築面積六千四百多平方米。

總體布局爲三縱三横的『田』字形布局，即縱向三條軸綫，每條軸綫均由前門、中殿、後殿三進所構成。各條軸綫上的殿堂和庭院之間均有走廊將其分隔開來，空間既有分隔又有聯係，這種布局方式在中國的祠堂建築中極爲罕見。同時，由于三條縱軸綫的平行發展使整個祠堂的横向寬度、占地面積以及外觀氣勢都是其他祠堂無法比擬的。可以説它是目前國內現存規模最大的民間宗族祠堂建築。

建築式樣則具有典型的嶺南風格：高聳的三角形山牆與平直的屋面之間形成不同的角度；屋脊、屋面、山牆角等處均無曲綫起翹。檐柱均爲方形石柱，柱間的額枋亦均爲石構，除裝飾以外，建築的構件及其整體造型基本上是以剛性的直綫條組成，加上裝飾則又顯得剛中有柔。

建築裝飾是陳家祠的又一特色。所有的牆頭屋脊上滿飾各種琉璃和陶瓷裝飾構件。尤其是大門正脊，琉璃陶瓷彩塑的各種人物故事、亭臺樓閣、飛禽走獸等等，層層相疊，高達兩米有餘，其繁複程度無以復加。其他如外牆面上大面積的磚雕，柱間額枋上的石雕，梁枋構架及格扇門窗的木雕均極爲精美。整個建築幾乎就成了一座雕塑藝術博物館，其裝飾的華麗程度也是國内現存祠堂建築之最。

一一七　大門

正面五開間，但屋頂却分爲三段，中間三開間較高，兩端末間較低，中間有山牆隔開。山牆造型爲典型嶺南風格，三角形山牆和屋面呈不同角度，突出了山牆裝飾特點，牆頭屋脊均飾有大量琉璃陶瓷裝飾。尤其是屋脊上的裝飾構件，層層相疊，高達兩米餘，檐柱間額枋上亦滿雕各種圖案。門廊内有木雕裝飾極其繁複的斗栱，具有很高的藝術價值。

一一八　正殿

正殿爲嶺南風格的建築，正面五開間。與大門做法不同的是五開間做成一個整體，未加分割，因而其整體氣勢更加宏偉，同時它比兩旁的殿堂更加高大，突出了中心建築的地位。牆角屋脊裝飾繁複，柱間額枋石雕精美，殿前做有寬闊的月臺，月臺欄杆上滿飾精美花紋。殿内木構梁柱屏板等均加工精美，具有很高的工藝水平。

一一九　殿前走廊

由于總體布局上是三縱三横，因此每一進殿堂都是三條縱軸綫上的殿堂横向一字排開，殿前走廊拉成一條直綫，殿與殿之間有洞門相通，縱深感極强。

一二〇　正殿前院

陳家祠内的庭院與建築布局的關係極爲密切，每一進都有横向排列的三個庭院，中軸綫上和兩旁軸綫上的庭院有主次之分。在中軸綫上的庭院以正殿前院爲中心，庭院寬敞且做工考究。花崗石鋪地極爲平整，其間栽種熱帶觀賞樹木，一派南國風情。

一二一　旁院

旁院與中軸綫上的中心庭院并列，且衹一廊相隔，規模較小，因兩旁次軸綫上的殿堂也比中軸綫上的殿堂小。與中心庭院的開闊宏敞相比，這裏倒顯得幽静安寧。

一二二　側門

三條縱軸綫衹有軸綫上有大門，兩旁的次縱軸綫上均不設門，而是在中軸綫和兩旁軸綫的交界處各開有一道側門。這樣兩側軸綫的第一進便形成倒座。這種安排比兩側均設大門更爲合理，使用方便，院落具有更强的圍合感。

一二三　側門

一二四　連廊

兩進的橫向三個庭院之間均有連廊，既起到建築之間的聯係作用，又成爲庭院空間的分割界綫。最爲特別的是廊柱全用細長的鑄鐵柱，柱頭還鑄有花紋，這種做法顯然是受西洋建築的影響。廊柱細小，走廊狹窄，走廊屋面很小，但屋脊却裝飾厚重，整個走廊就像是一條被撑起來的飛龍。庭院之間的分割似乎主要是空中的分割而不是地面的分割。這種特殊做法可能是中國民間傳統建築中絕無僅有的孤例。

一二五　殿堂構架

木構架也是嶺南做法，爲十一架擡梁式結構。童柱全部做成雕花駝峰加坐斗的形式。坐斗在承載梁的同時又橫向挑出兩踩斗栱以承載檁子，從而減少了檁子的跨度，受力好，結構巧妙合理，同時又具有裝飾效果，可以説是技術和藝術相結合的典型。

一二六　屋頂裝飾

陳家祠的裝飾藝術最顯著的特點體現在屋頂上。三角形山牆的牆頭、牆端及屋脊上裝飾有各種琉璃、陶瓷、彩塑和雕刻藝術品。此圖爲兩座殿堂與連廊屋脊的相交處，是屋頂裝

飾最集中的地方之一。琉璃、陶瓷、彩塑、磚雕、石雕各種裝飾手法交相輝映。

一二七　屋脊裝飾

在屋頂裝飾中，尤以屋脊裝飾最爲突出。一般均由兩至三層相疊加而成，最高達兩米餘。下層一般以大型花卉和故事主題圖案、文字記載爲主；上層則主要是由歷史戲劇人物及各種亭閣屋宇所構成，有時竟堆砌密集到無以復加的程度，體現了祠堂建築以裝飾來炫耀宗族財富地位的特徵。

一二八　牆端裝飾

山牆端部的裝飾主要是磚雕，其題材以人物故事爲主。手法有淺浮雕、高浮雕、透雕、圓雕等，立體感極强，雖色彩上不及屋頂裝飾那麼華麗，但藝術水平却毫不遜色，甚至超過屋頂裝飾。

一二九　側門裝飾

側門雖小，但裝飾也極其講究。其屋頂很小，然而裝飾却做得大，檐口下又飾有很精細的磚雕。較爲特殊的則是石構門框的做法有西洋建築的風韵，反映出陳家祠的建築曾受到西洋建築的影響。

一三〇　牆面磚雕

在大門外左右兩側的青磚牆面上有兩幅大面積的磚雕，一幅爲歷史人物戲劇故事，一幅爲吉祥圖案及文字，製作工藝極其精美。這種在一片牆面上集中如此大面積的磚雕裝飾的做法，也是其他祠堂極爲罕見的。

一三一　牆面磚雕

一三二　格扇門窗

該建築所有的格扇門窗上均飾有木雕，題材内容有戲劇人物故事，有花卉及鳥獸圖案。雕刻工藝極其精巧細膩，但并無彩繪。深色的門扇窗格及浮雕，顯得莊重而且富麗。門窗格扇的雕刻工藝體現了民間工匠高超的技藝水平。

一三三　格扇門窗

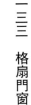

一三四　石柱礎

石柱礎有四方、八方、圓形的各種斷面形式。花瓶式造型也是嶺南風格的典型做法。方形柱礎直綫條簡潔剛勁。木柱則在八方形或圓柱形柱礎上再加圓盤形木柱礎，類似于古代的木櫍做法，成爲石柱礎和木柱之間的過渡，做法別致。

一三五　石柱礎

一三六　月臺欄杆石雕

正殿前有一寬闊的月臺，月臺三面圍繞石雕欄杆。從望柱、欄板到鼓石，全部布滿雕飾。使用了淺浮雕、高浮雕，透雕等各種手法，雕出各種植物花卉圖案。祇有少數幾處望柱上雕刻獅子，其他各處幾乎全是植物圖案，特別是有的欄板上雕刻出熱帶特有的瓜果，別具濃厚的南國風情。

一三七　月臺欄杆石雕

鳳凰陳家祠

又名朝陽宮，位于湖南省鳳凰縣城內。主體建築由前後兩進構成，前進爲大門和戲臺，後進爲正堂。中間有較開闊的庭院，兩側爲上下兩層的過廊，上層過廊欄杆向外挑出，作爲觀戲的看臺。建築外觀高大雄偉，山牆做法具有顯著的地方特色，是湖南省內保存最好的宗族祠堂之一，現爲省級重點文物保護單位。

一三八　外觀

正面十餘米高的牌坊式大門，圓拱門洞，上部嵌『朝陽宮』豎書匾額。門坊造型較爲簡潔，但高大雄偉。兩旁正面牆上裝飾有十二幅山水花鳥浮雕，構圖別致，寓意深遠。大門後戲臺兩側的弓形封火山牆高高聳出牆外，使外觀形象更富于變化。

一三九　戲臺

大門之後便是戲臺，二者聯爲一體。進入大門後便從戲臺下面穿過，進入庭院。戲臺爲重檐歇山頂，下檐中部斷開，嵌入匾額，上書『觀古鑒今』。臺口兩側懸挂楹聯：『數尺地方可家可國可天下；千秋人物有賢有黑有神仙』。後臺正面懸挂巨幅彩畫。後臺兩側有耳房，作爲演戲化妝準備之用。

一四〇　正殿

單檐硬山式建築，三開間，兩側爲半圓形封火山牆，具有顯著的地方特徵。殿前臺基較高，有出挑較深的檐廊。明間臺基前做半圓形臺階九級，兩次間臺基上做木欄杆，顯然是爲觀戲所用。

一四一　從正殿看戲臺

正殿做法特殊，明間正面不做格扇門，做成橢圓形花格門洞。從正殿內朝外看戲臺和庭院別有一番趣味。

一四二　屋頂、檐口、門拱及山牆做法

戲臺和正殿屋頂全做雕花鏤空脊，正中做葫蘆寶頂，翼角處飾以螭吻。檐口下做具有南方特色的如意斗栱，弓形封火山牆的端部飾有山水、花鳥浮雕，裝飾性突出。

一四三　構架做法

正殿屋架由較爲粗大的原木構成，采用擡梁式和穿斗式相結合的結構形式。其中穿斗部分采用滿枋做法，具有當地苗族、土家族民居建築做法的特徵。

潛口司諫第（汪氏家祠）

位于安徽省黄山市徽州區潛口紫霞峰麓。始建于明弘治八年（一四九五年），係明朝永樂初年進士、吏部給事中汪善之子孫爲祭祖所建之家祠。祠堂碑記云：『此非汪氏通族之祠也，一家之祠也。』永樂四年（一四〇六年），明成祖敕匾一方，上書『……特命爾，榮歸故鄉，以成德業……』，現懸于正堂上方。

該祠原位于潛口村，一九八七年至一九八八年搬遷今處，大部保存明代原構，少部分被毁按原樣修復，現爲全國重點文物保護單位。司諫第是小型家祠的典型。

一四四　外觀

司諫第屬小型祠堂，由前後兩進構成。前進爲門廊，後進正堂，兩進之間有一天井。天井做法與一般南方居民的天井不同，不做排水溝，用石塊滿地平鋪，在中間過道的兩邊各做一個一米多見方的小水池。池邊圍以低矮石欄。池水深約米餘，清澈見底。外牆做法特殊，人字形屋面露出兩側牆外，屋頂做法具有典型徽州民居特色。

一四五　大門

司諫第大門的做法也較特殊，在厚重的板門面上用方形磚塊拼成菱形圖案，磚塊用鐵條和鐵釘固定，形同古代武士的鎧甲。據傳明代此地盜匪較多，這種大門做法具有較强的防禦作用。與此同時同地的一些民居也有同樣的做法。

一四六　石鼓

司諫第大門外兩側的石鼓做法也比較特殊。石鼓用質地較軟的紅砂石做成，造型厚重。下部承以質地堅硬的白石雕花須彌座，造型輕巧。石鼓與鼓座在色調、質地、體量上形成對照。這種做法在别處是較爲罕見的。

呈坎寶綸閣（羅氏宗祠）

位于安徽省黄山市徽州區呈坎村。原名『貞靜羅東舒先生祠』，始建于明嘉靖年間，先建後進寢殿，後因故停工，七十餘年後(萬曆年間）續建，萬曆四十五年（一六一七年）建成。因擴建規模增大，原建的寢殿較爲矮小與之不相稱，于是在其上加建樓閣，用以珍藏歷代皇帝所賜寶物，故名『寶綸閣』。

祠堂規模很大，建築高大雄偉，但外觀較樸素，圍有高大的圍牆。前有照壁，建築三進，一進大門，二進拜殿，三進寢殿，與一般大型祠堂無异，特殊之處是一進大門和二進拜殿相隔很遠，形成一個極其寬大的庭院，爲南方民間建築中所罕見。而二進拜殿與後進寢殿則相距很近，兩棟建築的檐口之間衹留一條狹長的縫隙。這種特殊的布局方式可能與前後相隔幾十年分期建成有關。

一四七　前院和拜殿

前院异常寬大，爲南方民間建築中所罕見。兩側并列長長的廂房，庭中種植大樹，正中麻石鋪成十字交叉的直道，分別通向大門、拜殿和兩側廂房。拜殿面闊五間，無牆無門扇，全開敞，檐口用石柱，殿内爲木構架。

一四八　石雕欄杆

前院兩側列著長長的廂房。廂房在青磚裙牆上裝格扇門窗。檐下臺基外側建有石欄杆，望柱、欄板上布滿浮雕，圖案精美。欄杆出入口處做石雕鼓座，造型生動。

一四九　石雕欄杆

一五〇　拜殿構架

拜殿內部空間寬敞，采用擡梁式和穿斗式相結合的構架形式。橫梁均做成『冬瓜梁』式樣，用材粗壯。梁與柱相接處均做托栱，以代替雀替。殿內懸挂的『彝倫攸敘』匾額爲明代著名文學家、書畫家董其昌手書原物，極其珍貴。

一五一　寢殿寶綸閣

寢殿建在一米餘高的臺基上，臺基前有雕花石欄杆。左中右并列三路階梯均有石欄，突出寢殿的莊重。最初所建寢殿爲單層，較低矮，明萬曆年間擴建祠堂時加建樓閣，內部構架尚可看出加建的痕迹。

一五二　寢殿室内彩畫裝飾

寢殿爲明代原構，梁枋構架上遍施彩畫，歷經幾百年仍艷麗清晰。彩畫紋樣既不是法式所規定的官式彩畫，又不同于一般民間的裝飾圖案，是極其罕見的建築裝飾，彌足珍貴。

一五三　寢殿室内彩畫裝飾

泉州黄氏（十世）宗祠

位于福建省泉州市豐州鎮。始建于明代，後經多次修復，保存完好。建築式樣爲典型的閩南式，燕尾脊高翹，屋面曲綫舒緩。面闊五間，縱深三進。一進爲門廊，二進過堂作拜廳，三進正堂内供祖宗牌位。各進之間有較寬闊的天井庭院，庭院兩側均有檐廊相聯，外面圍以封火山牆。

一五四　外觀

黃氏（十世）宗祠是典型的閩南民間的燕尾脊單檐硬山建築，五開間的屋頂向兩旁層層跌落，形成一個三級臺階形屋頂，每級均有燕尾脊翹起，造型生動而富有地方特色。正面明間爲大門，而在兩旁梢間又開小門，這種做法在其他的祠堂中少見。

正面外牆采用當地出産的青灰石浮雕裝飾，石質温潤細膩，雕刻圖案精美，如同玉雕。柱身柱礎等均用青灰石做成，柱礎亦有精美雕刻。整個立面使人感到高貴而雅致，檐口下的挑枋、額枋、垂花柱等均飾有木雕并涂以青綠色調爲主的圖案花紋，具有濃厚的閩南地方特色。

一五五　過堂

從前進門廊到後進正堂之間有過堂，作祭祀時的拜廳之用。過堂前後均無牆壁門扇，因而在前進門廊到後進正堂之間形成一個完全通透的空間，加上前後較爲開闊的天井庭院，使整個祠堂内形成一個寬敞的祭祀空間。

績溪胡氏宗祠

胡氏宗祠位于安徽省績溪縣瀛洲鄉大坑口村，始建于宋代。明嘉靖年間胡宗憲任兵部尚書，對宗祠進行大修；清光緒二十四年（一八九八年）再度大修，保存至今。

宗祠建築坐北朝南，大門前臨小溪，照壁建在小溪對岸，這種布局方式極爲罕見。主體建築三進，中軸綫上有大門、亭堂、寢殿，内院兩側有連廊和廂房。中部亭堂的東側另闢一小院作『特祭祠』，專門祭祀族中無後人的孤寡老人，這種做法又是別處所少見的。

胡氏宗祠以裝飾藝術爲其重要的特色，以木雕藝術爲主。從第一進大門到最後一進寢殿，所有梁柱柱頭、斗栱、雀替等處幾乎都滿布木雕裝飾，圖案花紋均極其精美，是徽派建築藝術的典型代表。現爲全國重點文物保護單位。

一五六　環境

胡氏宗祠的選址很特別，群山環抱的山村，一條清澈的小溪流經村中，宗祠就坐落在這小溪邊。小溪從大門前橫向流過，如玉帶環繞。大門前的照壁建在小溪的對岸。這種做法在別處極爲罕見。

一五七　大門

大門七開間，享有朝廷官員的等級規格（因胡宗憲爲兵部尚書）。中間五開間爲柱廊，兩端盡間爲牆壁。屋頂中部做成兩級歇山的形式，下層歇山頂中間斷開，露出明間兩鋪作斗栱，歇山頂屋脊生起明顯，翼角起翹甚高，爲典型的徽派建築的歇山做法。屋頂兩端爲硬山封火山牆，亦具有明顯的徽派建築風格。

一五八　大門細部

大門門廊爲石頭方柱，上擱粗壯的虹梁，虹梁之上再是額枋，這也和其他地方的做法不一樣。門楣、額枋、雀替、斗栱等處飾以木雕圖案。黑漆大門上描繪巨幅門神，古樸而又威嚴。

一五九　木雕裝飾

胡氏宗祠的雕刻藝術極其精美，尤以木雕藝術而著稱。大門門楣上滿布精雕細琢的圖案花紋。尤其是正中門楣上雕刻有激烈的戰爭場面，這種裝飾題材在別處是罕見的，可能是因爲主持修建祠堂的胡宗憲是兵部尚書的緣故。

一六〇　門廊

門廊做法較特殊，門廊柱之間有木柵欄，大門退到了柵欄之後。大門兩旁有一對高大的石獅，石獅也和大門一樣，退到了柵欄之後。門廊頂部做捲棚，虹梁雖跨度不大，但亦極其粗壯。

一六一　大門背面

大門背面和正面的做法相同，衹是外觀的七開間到裏面變成了五開間，因爲兩旁的兩個開間變成了兩邊的廊廡。

一六二　享堂

享堂爲五開間硬山建築，造型相對大門較爲樸素，但建築高大、莊嚴。

一六三　享堂屋架

享堂進深較大，按傳統做法廳堂屋架是露明造，爲了防止屋架過高，在一個大屋頂的下面做成三個小屋頂。下部露明屋架加工精緻，做法考究，而上部的屋架則可以做成草架，既合理又比較節省。

一六四　後廂房

寢殿前兩側爲後廂房，朝後院中開有隔扇門，隔扇門的花格、裙板等處雕刻有精美的圖案花紋。較爲特殊的是上寢殿二樓的樓梯間就設在兩側的後廂房裏。

一六五　寢殿

寢殿爲祠堂的最後一進，是供奉祖宗牌位的地方，爲五開間硬山建築，兩層。由于中部的享殿到後部寢殿之間的距離較短，庭院較狹窄，而寢殿又有兩層高，因此在後院中往往看不到寢殿的全貌。這種做法是徽州地區祠堂建築常用的手法。

一六六　柱礎

胡氏宗祠的柱礎有多種，最特殊的是享堂中間的幾根柱子的柱礎，在八方形石柱礎上再加雕成花瓣形的木櫍。石柱礎上加木櫍是明代以前的做法，反映出建築年代的久遠，而像這樣雕成花瓣形的木櫍則更是罕見。

一六七　柱礎

石柱礎加工光滑細膩，反映出很高的技術水平。

一六八　隔扇門雕花裝飾

全部隔扇門的花格、抹頭、裙板都有雕花裝飾，題材内容多爲花草植物或静物，每一塊都不一樣，連裙板上的綫脚花紋都雕成立體浮雕，工藝極其精美。

一六九　隔扇門雕花裝飾

一七○　雕花雀替

祠堂中每處柱頭雀替均飾有木雕花紋，采用浮雕、高浮雕、透雕、鏤空雕等多種手法，具有極高的工藝水平。

一七一　特祭祠

胡氏宗祠還有一特别之處，即在宗祠的左側有一個特祭祠，專門用于供奉已經去世而没有後人的孤寡老人。祠很小，祇一個小庭院，一進門廊，二進祭堂。外門很小，類如民居，且不直接朝外。

績溪周氏宗祠

周氏宗祠位于安徽省績溪縣城內。始建于明嘉靖年間，清乾隆三十四年（一七六九年）大修擴建，保存至今。中軸綫上主體建築三進，一進門樓，二進正廳，三進爲『奉先樓』即寢殿，惜毁于『文革』，現僅存臺基和石欄杆。此外，門樓前有影壁，前庭兩側有廊廡，後院兩側爲廂房。較爲特别的是正門門樓左邊開有一個側門，一般情况下，人從側門進入然後再進入大門。這種形式在一般的祠堂建築中是少見的。

周氏宗祠建築高大宏偉，前庭非常開闊。大門門樓爲兩層歇山頂，下層中間斷開。屋頂翼角高翹，屋脊有明顯生起，看來這是徽州祠堂建築的共同特點。在建築裝飾上，周氏宗祠集中了木雕、石雕、磚雕等多種工藝。作爲入口的側門在外牆上做有門樓，門樓上飾以精美的磚雕藝術；大門和正廳、廂房各處梁坊上飾以木雕圖案；正廳和後進寢殿的前面都有石臺階和石欄杆，望柱上雕著各種動態的獅子，欄板上也雕有精美的圖案花紋，裝飾藝術可謂琳琅滿目。現爲安徽省重點文物保護單位，被闢爲績溪縣三雕藝術博物館。

一七二 前院

在祠堂大門前面，由照壁和兩側圍牆圍合成一個較狹窄的庭院，入口就在前院左側，外觀上衹是圍牆上的一個圓拱形門洞，從門洞進入前院後再進大門。

一七三 大門

大門爲五開間，中間三開間門廊，兩旁各有一道八字牆。屋頂式樣中間爲兩層歇山，下層中間斷開，露出明間兩鋪作斗栱。歇山屋頂兩端再建封火牆硬山。門廊高大宏偉，額枋、雀替、斗栱等處裝飾有精美的木雕花紋。

一七四　大門細部

門廊内部寬敞，門框高大，上懸『周氏宗祠』牌匾，兩旁有一對高大的抱鼓石。木質門牆下有石裙牆，裙牆上雕刻有圖案花紋。

一七五　大門背面

大門背面和正面做法相同，屋頂造型、門廊高度和寬度都是一樣，因此從内庭院回頭看大門也同樣莊嚴宏偉。

一七六　享殿

享殿爲五開間硬山式，兩盡間與兩廡相連。殿前有月臺，高出庭院一米左右，月臺上有石欄杆，欄板上雕刻有精美的圖案。這種享殿高于庭院的做法比較特別，别處少見，更突出了享殿的高大雄偉。

一七七　柱礎

周氏宗祠的石雕藝術特别突出。享殿的柱礎均雕刻成菊花花瓣狀，製作考究，工藝精美。

一七八　抱鼓石和牆裙

大門口的抱鼓石從下面的須彌座到上面的石鼓，布滿雕刻裝飾。石鼓采用質地細膩的青石，用淺浮雕和綫刻雕出花紋，非常精美。牆裙全部用青石製作，亦雕刻花紋圖案。

一七九　欄板石雕

享殿月臺前的石欄杆全部雕刻有圖案裝飾，題材内容以花草、静物爲主，每塊都不一樣，雕功細膩精美，立體感很强。

歙縣敦本堂

又名『鮑氏男祠』、『萬四公支祠』，位于安徽省歙縣棠樾村。明清時期棠樾村是著名徽商鮑氏家族的族居地。鮑氏族人在外或經商巨富，或科舉升官，榮歸故里建造了大量的牌坊和祠堂。著名的牌坊群就建造在這裏。敦本堂是明代工部尚書鮑象賢爲鮑氏八世支祖鮑慶雲而建，屬于鮑氏家族的一個支祠。始建于明代嘉靖年間，清嘉慶初重修擴建。主體建築三進，中軸綫上有大門、享堂、寢殿，内院兩側有連廊和廂房。大門毁于二十世紀六十年代，後據原樣修復，享堂和寢殿爲明清遺構。

一八〇　外觀和環境

敦本堂是歙縣棠樾村鮑氏家族衆多祠堂中保存較好的一座，矗立在村口，與鮑氏家族建立的牌坊群融爲一體，構成一個龐大的古代紀念建築群。

一八一　大門

大門坐北朝南，五開間，中間三開間門廊，兩端盡間爲八字牆。屋頂中部做成兩級歇山的形式，下層歇山頂中間斷開，露出明間兩鋪作斗栱。歇山頂屋脊生起明顯，翼角起翹甚高，屋頂兩端爲硬山封火山牆，具有明顯的徽派建築風格。

一八二　享堂

享堂爲五開間硬山建築，石柱木梁，高大雄偉。前有寬敞的天井庭院，下雨時雨水集中流向天井中，然後通過水溝排出，民間稱之爲『四水歸堂』。

一八三　享堂屋架

享堂進深較大，屋架是露明造，爲了防止內部屋架過高，在一個大屋頂的下面做成三個小屋頂。下部露明屋架加工精緻，做法考究，而上部的屋架則可以做成草架。

一八四　寢殿

寢殿五開間硬山式，建在一個高臺之上，前有月臺石欄杆。寢殿和前面的享殿之間的庭院比較狹窄，由于寢殿高大就更顯得庭院的狹小，這是徽州地區祠堂建築常見的做法。

一八五　寢殿屋架

寢殿屋架和前面享堂的屋架做法一樣，祇是由于寢殿的進深比享堂要小，所以屋架也做得小些，因而也做得更精緻。

歙縣清懿堂

又名『鮑氏女祠』，位于安徽省歙縣棠樾村。按照中國古代的禮教思想，不但不能爲女人建祠堂，而且連女人的牌位都是不能進祠堂的。但是因爲棠樾村明清時期是著名徽商鮑氏家族的族居地。鮑氏族人在外或經商暴富，或科舉升官，女人們則在家裏贍養老人，哺育孩子。她們或貞守節操，或樂善好施，爲鮑氏家族贏得了良好的聲譽，因此，便專爲她們建造了祠堂。專建女祠在全國也是罕見的。『清懿堂』本是鹽法道員鮑啓運爲紀念撫養他成人的嫂嫂汪氏而建的，後來便成爲鮑氏家族祭祀歷代貞婦烈女的祠堂。祠堂始建于清嘉慶年間，其後又有重修擴建，現保存下來的即爲擴建後的建築格局。

『清懿堂』因爲是女祠，所以在一些方面與一般的祠堂不同。首先，祠堂的位置朝向不同。男祠坐北朝南，而女祠則坐南朝北，與男祠相對，這是根據男爲陽女爲陰的傳統觀念確定的。其次，女祠的大門不朝外，前有圍牆照壁圍成小院，從側門進入然後再進大門。再次，女祠的建築風格也與男祠不一樣，男祠雄偉，女祠則比較秀麗，不論是建築造型、細部做法、裝飾藝術都顯示出女性氣質。

一八六　大門

大門爲五開間硬山建築，不做歇山頂，與一般徽州地區的祠堂建築不同。入內須先從側門進入大門前的小院，然後再進大門。

一八七　大門磚雕

大門兩邊的八字牆上裝飾著大量磚雕，各種雕刻手法同時并用，立體感極强。工藝之精美，即使在徽州這一磚雕藝術發達的地方也是少見的。

一八八　享堂

五開間硬山頂，檐柱爲石柱，內柱爲木柱，外觀較爲樸素，但建築構件加工精緻細膩，做工非常考究。檐下額枋雀替、殿內屋架各處均精雕細作，工藝極其精美。

一八九　享堂柱礎

享堂的柱礎亦加工精美。石柱柱礎爲四方形平面雕花瓣狀，木柱柱礎爲八方形平面，細膩光滑，顯出秀美的藝術風格。木柱和柱礎交接處用銅包裹，這種做法爲別處所少見。

一九〇　享堂柱礎

一九一　享堂屋架

和徽州地區的祠堂一樣，由于享堂進深大，而按傳統做法，廳堂屋架是露明造，爲了防止内部屋架過高，在一個大屋頂的下面做成兩個小屋頂。下部露明屋架加工精緻，做法考究，而上部的屋架則做成草架。

一九二　寢殿

後進寢殿和中部的享堂之間衹有一個狹窄的庭院，而寢殿又建在一個高臺之上。因而在院内也看不到寢殿的全貌。寢殿前有月臺石欄杆，正中間不開口，踏步設在兩邊。檐下有斗栱，明間兩鋪作，次間一鋪作。建築既高大又秀美。

一九三　寢殿屋架

寢殿内部做工考究，柱子、梁枋等建築構件加工精緻，各節點交接處均有雕刻裝飾。梁枋構件圓潤光滑，顯出秀麗的建築風格。

歙縣鄭氏宗祠

鄭氏宗祠位于安徽省歙縣西郊的鄭村，始建于明代成化年間，現存建築爲明代遺構，保存完好。較爲特别的是大門正前方建有牌坊，這在一般祠堂建築中是少見的。主體建築三進，一進大門，二進享堂，第三進爲寢殿。建築規模宏大，通面闊二四·五米，縱深七十五米，占地一千八百餘平方米。與徽州地區的其他祠堂建築相比，建築風格較爲古樸，是難得的明代建築遺存。

一九四　牌坊

宗祠大門前建有石牌坊，牌坊采用三間五樓的形式，用材粗壯，質地細膩。樓蓋下雕有斗栱形構件和透雕花紋，做法特别。牌匾、額枋等處均雕刻有裝飾圖案，古樸而又精美。

一九五　大門

大門五開間，屋頂采用懸山和硬山相結合的形式，中間三開間懸山屋頂突出，兩旁夾以硬山封火山牆。門廊高大，石柱粗壯，檐下做斗栱，明間兩鋪作，次間一鋪作，顯出宏偉的氣勢。

一九六　大門細部

大門明間牆面全部用四方青磚拼成菱形圖案，做法特殊。牆裙全部石砌，雕有裝飾圖案。抱鼓石高大，亦裝飾有圖案花紋。

一九七　享堂

享堂五開間懸山頂，兩邊與廂房相連，前有寬敞的天井庭院。建築高大宏偉，檐柱爲粗壯的方形石柱，柱上雀替做成斗栱形，做法古樸。

一九八　享堂柱礎

享堂石柱粗壯，柱礎石質細膩，加工精緻，顯出質樸而典雅的氣質。

一九九　享堂屋架

享堂屋架製作精美，梁柱交接處均有裝飾，木雕花紋采用高浮雕、透雕等手法，工藝水平高超。

二〇〇　寢殿屋架

寢殿采用多屋架組合方式，前檐廊下用捲棚頂，雖跨度不大，仍用粗壯的梁架，以顯示宏偉的氣勢。

二〇一　壁龕

寢殿內做有供奉祖先牌位的壁龕，石砌的臺座雕刻有裝飾圖案。臺座前做通長隔扇門，可全部打開和關閉。

鳳凰楊家祠

楊家祠在湖南省鳳凰縣城南端。外觀爲高大的青磚圍牆，主入口處做法含有西洋風格特徵，體現出近代西洋建築風格的影響。主體建築三進，由戲臺、過廳、正廳及兩側廂房等建築組成。與一般祠堂建築不同的是，該祠堂的大門不在正中，而是偏向東南角，因而進入大門不是從戲臺下面穿過進入庭院，而是從戲臺旁邊進入。

戲臺規模較小，僅可供小型演出，圍繞戲臺的前院也很小。比較特別的是過廳的做法，過廳很小，像一個門廊，并且中間是一層，兩邊做成兩層，與後院兩側的廂樓相連，成爲觀戲的看臺，這種做法在别處是少見的。穿過過廳進入後院，是一縱向的狹長的庭院空間。正面是正廳，兩側有廂樓。廂樓兩層，下層有隔扇門關閉，過去一般用作存放家譜和祭祀用具等。上層無門窗，有欄杆挑出，用作觀看戲曲表演。

正廳爲三開間硬山建築，屋檐和兩側廂房相連，構成天井院落，檐口及廳內梁柱構架全部黑色油漆，樸素而莊重。

二〇二　外觀及大門

楊家祠臨街一面是高大的青磚圍牆，入口偏向一邊。大門爲三開間牌樓式，但做法上含有西洋特徵，體現出近代西洋建築風格的影響。

二〇三　戲臺

戲臺規模較小，歇山式屋頂，額枋和臺沿均飾有精緻的木雕花紋。由于戲臺規模小，因而戲臺所在的前院也很小，過廳和兩厢都離戲臺很近。在過廳和兩厢的額枋等處也飾有同樣的雕刻裝飾，和戲臺形成一個和諧的整體。

二〇四　過廳

楊家祠的過廳很特别，過廳很小，像一個門廊，并且中間是一層，兩邊做成兩層，與後院兩側的厢樓相連，成爲觀戲的看臺。這種做法在别處很少見。

二〇五　後院正廳及兩厢

後院是一縱向的狹長的庭院空間。正面是正廳，三開間硬山建築，屋檐和兩側厢房相連，構成天井院落，檐口及廳内梁柱構架全部黑色油漆，樸素而莊重。兩側厢樓上下兩層，下層有隔扇門關閉，過去一般用作存放家譜和祭祀用具等。上層無門窗，有欄杆挑出，用作觀看戲曲表演。

二〇六　樓梯

樓梯在過廳和後院兩側厢房交接處，由于過廳高于地面數級，而厢房一層又高度不大，因而樓梯衹一跑便到了厢房二層。上了樓梯，往前拐進入過廳二樓，往後拐便進入後院厢房二層，形成爲一個特殊的過渡空間。

黟縣敬愛堂

敬愛堂位于安徽省黟縣西遞村，原爲西遞村胡氏十四世祖胡士亨的住宅，後毀于火灾。清乾隆年間，族人出資擴建爲胡氏宗族的宗祠。建築三進，中軸綫上有大門、享堂、寢殿，縱深六十餘米，面闊三十餘米，占地一千九百餘平方米。敬愛堂的殿堂高大寬敞，是西遞村現存規模最大的祠堂。

二〇七　大門

大門爲兩層歇山式屋頂，但特別的是并非完整的歇山，而是從高聳的牆面上伸出來的半邊歇山。這種做法別處少見。

二〇八　門廊屋架

大門屋頂是從牆面伸出，因此門廊屋架也是從牆面伸出的半屋架，內做捲棚，雖跨度不大，却也梁枋粗壯。

二〇九　享堂

享堂高大寬敞，前有較開闊的天井庭院。堂前無門窗隔扇，全開敞，顯然是爲了使用功能上的需要。

二一〇　享堂屋架

享堂的屋架采用穿斗式和擡梁式相結合的形式，粗大的『冬瓜梁』上豎童柱。梁柱交接處均有木雕裝飾。

二一一　寢殿

寢殿内不做神龕而做『太師壁』，做法特殊，爲别處所罕見。

黟縣追慕堂

追慕堂位于安徽省黟縣西遞村，建于清朝乾隆年間，是西遞村胡氏家族的一個支祠。建築三進，一進大門，二進享堂，三進寢殿。大門與享堂之間有較開闊的庭院，而享堂和寢殿之間的後院則非常狹小。建築各部位都做得很講究。

二一二　大門

大門是從牆面上伸出來的兩層半邊歇山，下層從中間斷開。這種做法是當地的地方特色，别處少見。

二一三　檐下斗栱

享堂和兩側厢廊的檐下均有斗栱，斗栱做法特别，斗不做成方的，而做成梭形；栱的斷面也不是方的，也是梭形的。這種做法别處很少見。

二一四　享堂屋架

采用穿斗式和擡梁式相結合的形式，『冬瓜梁』上豎童柱。梁柱交接處均有木雕裝飾。

二一五　享堂柱礎

享堂檐柱爲石柱，内柱爲木柱，石柱和木柱的柱礎不同，但均取上等石料，精工細作，工藝水平極高。

二一六　寢殿前天井

享堂和寢殿相距很近，然而寢殿又建在高臺之上，前有月臺欄杆，于是干脆將享堂的後面也做石欄杆，與寢殿前的月臺欄杆、臺階踏步欄杆一起圍合成一個特殊的小天井。

中國美術分類全集

中國建築藝術全集

第11卷 會館建築·祠堂建築

圖書在版編目(CIP)數據

中國建築藝術全集第(11)卷,會館建築·祠堂建築/巫紀光,柳肅著。—北京:中國建築工業出版社,2003
(中國美術分類全集)
ISBN 7-112-04791-9
Ⅰ.中… Ⅱ.①巫… ②柳… Ⅲ.①建築藝術—中國—圖集②祠堂—古建築—中國—圖集③會館公所—古建築—中國—圖集 Ⅳ.TU-881.2
中國版本圖書館CIP數據核字(2002)第063197號

中國建築藝術全集編輯委員會 編

本卷主編 巫紀光 柳 肅
出版者 中國建築工業出版社
(北京百萬莊)
責任編輯 王伯揚
總體設計 雲 鶴
本卷設計 何冬燕
印製總監 楊一貴
製版者 北京利豐雅高長城印刷有限公司
印刷者 利豐雅高印刷(深圳)有限公司
發行者 中國建築工業出版社
二〇〇三年三月 第一版 第一次印刷
書號 ISBN 7-112-04791-9/TU·4272(9042)
國內版定價 三五〇圓